国家自然科学基金

基于市场导向的高校专利商业化战略：形成与实施

唐恒 程龙 ◎ 著

图书在版编目（CIP）数据

基于市场导向的高校专利商业化战略：形成与实施/唐恒，程龙著.—北京：经济管理出版社，2019.11

ISBN 978-7-5096-7112-2

Ⅰ.①基… Ⅱ.①唐… ②程… Ⅲ.①高等学校—专利技术—商业化经营—研究—中国 Ⅳ.①G306.72

中国版本图书馆 CIP 数据核字（2019）第 118543 号

组稿编辑：张丽原
责任编辑：申桂萍　乔倩颖
责任印制：黄章平
责任校对：王淑卿

出版发行：经济管理出版社
（北京市海淀区北蜂窝 8 号中雅大厦 A 座 11 层　100038）

网　　址：www.E-mp.com.cn
电　　话：（010）51915602
印　　刷：河北赛文印刷有限公司
经　　销：新华书店
开　　本：720mm×1000mm/16
印　　张：13.25
字　　数：176 千字
版　　次：2019 年 11 月第 1 版　2019 年 11 月第 1 次印刷
书　　号：ISBN 978-7-5096-7112-2
定　　价：68.00 元

·版权所有　翻印必究·

凡购本社图书，如有印装错误，由本社读者服务部负责调换。
联系地址：北京阜外月坛北小街 2 号
电话：（010）68022974　邮编：100836

序 一

党的十八大以来,以习近平同志为核心的党中央高度重视科技创新工作,出台了加快科技改革与发展的一系列重大举措,其中在促进科技成果转移转化方面,国家推进实施了"三部曲"。在法律保障和政策驱动下,科技成果转移转化工作取得积极进展,呈现"量""质"齐升的新局面。但与新形势新要求相比,科技成果转化工作还很不适应,仍面临一些挑战。尤其是作为科技成果的重要供给侧,国内高校在知识产权管理制度、管理机制和运营能力等落实环节还存在诸多问题,严重阻碍了我国创新驱动发展战略的实施和创新型国家的建设。

该书立足实践,聚焦高校科技成果的重要组成——专利,从全新视角重新审视了新时期高质量发展背景下中国高校专利商业化面临的瓶颈,并就如何推动专利商业化,助力高校支撑我国经济高质量发展给出了建设性的解决方案。该书认为,提升国内高校专利商业化绩效,既要从高校发展战略层面进行谋划,又要充分认识到市场是驱动高校专利商业化的动力源泉,要引导高校建立面向市场的创新价值驱动模式。该书系统构建了高校专利商业化战略，并基于价值网络的科学研究视角，提出了战略实施的驱动策略。结合高质量发展的时代背景，从优化高校知识产权管理，提升知识产权质量，强化政策引导作用等方面提出具体建议是该书的特色，相关建议具有较强的操作性，反映了作者对高校专利转化现实的深刻了解和认识。

新时期的中国高校科技成果转化工作面临诸多问题，亟须学术界进一步深入研究，认真总结实践，积极探索，集思广益，建言献策。该书聚焦高校专利，以市场为导向，讨论高校专利商业化战略的形成与实施，正是响应新时期中国高校时代使命的探索性研究。该书作者有着丰富的知识产权管理实践和研究经历，针对目前高校科技成果转化的关键堵点，放眼国际，基于国内经济社会发展需要，深入开展理论探讨和现实调研，提出的中国高校专利商业化实施策略与建议，为提升我国高校科技创新能力提供了新的路径规划，对促进科技成果转化，支撑经济社会高质量发展有较强的现实意义。

该书兼具理论价值与实践应用价值，值得一读，可为我们以后的工作提供很好的借鉴和帮助。

郭向远

中国科技评估与成果管理研究会理事长

序 二

以市场为导向加快高校科技成果转移转化

2020年既是我国建设创新型国家"三步走"战略目标第一个目标"成为创新型国家"的目标实现之年,也是迈向2035和2050战略目标的重要奠基之年,更是我国从创新驱动迈向创新引领高质量发展的重要转折时期。习近平总书记多次强调,"面向未来,增强自主创新能力,最重要的就是要坚定不移走中国特色自主创新道路,坚持自主创新、重点跨越、支撑发展、引领未来的方针,加快创新型国家建设步伐"。

高校是国家创新系统的重要核心主体之一,与企业共同构成了国家创新系统的双引擎。然而,当前我国科技和经济尚未深度有效结合,科技创新尤其是高校科技成果对经济贡献程度距离世界一流创新型国家的差距明显。建设面向未来的科技创新强国、全面提升我国企业、产业和国家的自主创新能力与国际竞争力,实现高质量发展,亟须发挥高校对区域和国家经济发展的重要驱动作用。其中的关键内容之一就是加快制度创新和发展思路转型,通过顶层设计和战略变革来引领以专利为代表的高校科技成果商业化,加快提升高校科技成果对创新发展的贡献度。

在这一背景下，唐恒和程龙两位学者所著的《基于市场导向的高校专利商业化战略：形成与实施》一书，正当其时，具有重要的政策和实践参考意义。这本书以国内外高校专利商业化环境分析为基础，剖析了我国高校专利商业化战略规划、实施和绩效现状，并立足高质量发展要求，解决中国高校专利商业化面临的瓶颈问题。并在此基础上，通过系统、科学的案例分析、访谈、文本挖掘以及机制构建的研究方法，分析了市场导向对高校专利商业化绩效影响的机制，提出了新时期中国高校市场导向的专利商业化战略形成与实施建议。

这本书为我国把握高校科技成果转化的现状和挑战，进一步完善高校科技成果转移转化制度设计提供了一个战略与市场相结合的新思路，这与我所一直提倡的战略视野引领的整合式创新理论不谋而合，同时又兼具国际比较和中国特色，是高校专利研究和科技成果转化领域难得的好书，相信对关心我国高校科技成果转化、关注高校对创新型国家价值角色发挥的公共部门决策者、高校领导者、企业家均有重要参考价值，特郑重推荐。

清华大学经济管理学院教授
教育部人文社会科学重点研究基地清华大学技术创新研究中心主任

前　言

2018年是《国家知识产权战略纲要》颁布实施十周年，十年砥砺前行，中国知识产权事业发展得到了世界知识产权组织和国际社会的高度评价。世界知识产权组织发布的《2017年全球创新指数报告》中，中国名列第22位，成为首个跻身全球前25位的中等收入经济体。世界知识产权组织专家组认为，"中国的知识产权事业过去十年取得了举世瞩目的成就，可作为发展中国家实施知识产权战略的典范"。但自党的十九大以来，面对新时代新形势新任务新要求，我国知识产权事业发展仍面临一系列深层次矛盾和问题，知识产权大而不强、多而不优的矛盾依然突出，尤其是知识产权运用效益尚未充分显现，谋划实施新时代知识产权强国战略势在必行。

作为重要创新主体，高校对区域经济发展的强劲驱动作用在全球范围内已达成广泛共识，尤其是在欧美等发达国家，在高校专利与区域经济发展之间已形成了运行良好的市场化创新生态，不仅有效提升了高校专利商业化绩效，也为广大发展中国家高校专利商业化提供了有益借鉴。创新企业孵化器斯坦福大学很具代表性，2017年斯坦福大学对过去47年专利许可数据进行盘点，结果显示，随着时间推移被成功商业化的专利所占比例在稳步提升，2000年后基本稳定并整体趋于50%[①]。1996~2015年，美国大学和非营利组织的专利许可活动支持了430万个工作岗位，为美国国内生产总值贡献了5910亿美元，为美国工业总产值贡献了1.33万亿美元。从国外政策发展来看，也表明了战略选择在大学技术转移活动中的重要性。例如，英国高等教育资助委员会（Higher Education Funding Council for England, HEFCE）对大学知识交流进行重新审视后得出的结论是"大学领导力在成功的技术转移中起着至关重要的作用，大学领导必须做出的重要决定之一是，技术转移在多大程度上对学校具有战略意义"[②]。美国大学协会在2015年的一份声明中鼓励其62个成员机构按照美国国家研究委员会（United States National Research Council, NRC）的建议"制定并阐明大学知识产权管理的明确使命和愿景，并将技术转移任务置于更广泛的大学战略范围内"[③]。总体而言，在欧美国家，市场导向作为关注市场需求、强调信息运用的管理策略，已普遍成为高校提高专利创造能力和运营能力、改变专利商业化低效现象的重要战略选择。

我国知识产权事业发展起步较晚，但受益于国家战略的实施，改革开放以来，国内高校的创新能力得到显著提升，凭借拥有发明专利数量及创新能力等"硬指标"的良好表现，国内高校全球竞争力排名不断攀升。英国《泰晤士高等教育》公布的2016年世界大学排行榜中，清华大学成为首次进入前20名的国内高校，创造了内地高校在世界大学排行榜上迄今为止取得的最佳成绩。但与此同时，相较欧美等发达国家高校，国内高校在专利商业

---

① Life of a Stanford Invention [EB/OL]. https://web.stanford.edu/group/OTL/documents/fy15OTL_overview.pdf.

② Report to the UK Higher Education Sector and HEFCE by the McMillan Group. University Knowledge Exchange (KE) Framework: Good Practice in Technology Transfer [J]. Higher Education Funding Council for England, 2016 (9).

③ S. A. Merrill, A. M. Mazza. Managing University Intellectual Property in the Public Interest [M]. Washington, D. C.: National Academies Press, 2010.

化方面的表现仍存在较大差距，仅从投入产出角度而言，美国高校拥有全球最多的科研经费投入，但美国高校发明专利占整个国家的比例不足4%，企业发明专利占比则达85%[①]；反观我国，据《2018年专利统计年报》公布的数据显示，当年授权发明专利中，企业占63.9%，高校占23.2%，高校发明专利占比较美国高出近20%。转化率方面，尽管尚没有研究准确测算过国内高校的专利转化率，但事实数据显示，2015~2017年，国内高校获得的发明专利总数为160236项，专利出售数为7957项，转化率仅为4.97%[②]，若再纳入专利许可数据，相关估算转化率为6%[③]，从投入到产出再到市场化运用，国内高校专利商业化过程诸多环节存在堵点。自2015年起，为促进科技成果转化，尽管国家从整体考虑进行系统性部署，先后修订了《促进科技成果转化法》，出台《实施〈促进科技成果转法〉若干规定》，制定《促进科技成果转移转化行动方案》，形成了从修订法律条款、制定配套细则到部署具体任务的科技成果转移转化工作"三部曲"，但由于前期国家战略和政策导向影响，国内高校专利管理意识和能力仍较为薄弱，专利工作的重要性在高校未能得到充分体现，相关法律制度部署的实施效果一般。

随着我国迈入高质量发展阶段，来自经济转型和产业升级的内外部压力使得高校专利商业化的形势越来越紧迫，而无论是从国际发展态势还是新时期知识产权强国建设来看，从战略角度探索基于市场导向的专利商业化的相关机制和驱动策略均契合当下中国高校专利事业发展的新要求，也有利于为应对高校现实困境提供新思路。为此，本书确立了如下研究思路：首先，以国内外高校专利商业化环境分析为基础，剖析国内高校专利

---

① National Science Board, Science & Engineering Indicators 2018, Chapter 8 Invention: United States and Comparative Global Trends [EB/OL]. https://www.nsf.gov/statistics/2018/nsb20181/report/sections/invention-knowledge-transfer-and-innovation/invention-united-states-and-comparative-global-trends.

② 数据来源：教育部《高等学校科技统计资料汇编》（以下简称《资料汇编》）数据。

③ 基于PatSnap数据库2008~2017年的数据，高校专利出售数和专利许可数之比约为5∶1，结合出售专利数据可以推算中国成果转化率约为6%。

商业化战略规划、实施和绩效现状，并立足高质量发展要求，探析中国高校专利商业化面临的瓶颈。其次，抓住市场因素的核心作用，结合文献分析提出假设，以案例分析剖析市场导向如何影响高校专利商业化绩效。再次，以高校专利商业化战略形成的一般框架为基础，借助访谈和文本挖掘分析方法，探索形成了战略目标、商业化环境与能力等内外部驱动要素组成的高校专利商业化战略形成的一般模型与作用路径，并进一步聚焦高校专利商业化战略实施系统，分别就内外部系统内不同主体开展演化博弈分析。最后，为应对当下高校专利商业化困境，分别从实施机制和实施模式两个方面对实施驱动策略进行讨论，并就新时代背景下的中国高校专利商业化战略形成与实施给予建议。

从战略视角研究如何提升高校专利商业化绩效是本书的一大特色。尤其是为应对新时代高质量发展的内在要求，从环境分析到机理分析，本书均将视野置于全球背景下，以充分了解成功实践背后的缘由，进而挖掘出自身更深层次的问题。当然，价值网络在基于市场导向的高校专利商业化战略形成与实施中发挥关键角色一直是本书讨论的焦点，也是重要特色之一。

作为国家自然科学基金的系列成果，本书凝聚了很多人的心血，在此，我们要特别感谢博士生赫英淇，她多次参与书稿讨论，并对关键章节内容的完善给予大力支持。同时，江苏大学的金玉成、韩奎国、宋东林也多次参与书稿讨论，并给出了很多修改建议。还要特别感谢博士生孙莹琳，硕士生陈慧、虞惠、孙欣在紧张的学习之余付出的艰辛努力，在此一并表示感谢。

由于国内高校专利商业化仍处于起步阶段，很多问题尚在研究探讨之中，加之作者水平有限，如有不妥之处，恳请广大读者批评指正。

唐 恒

2019 年 10 月 25 日

目 录

第一章　高校专利商业化现状分析 | 001

第一节　国内外高校专利商业化环境比较分析 | 002
一、国外高校专利商业化环境分析 | 002
二、国内高校专利商业化环境分析 | 009

第二节　中国高校专利商业化战略规划、实施与绩效分析 | 017
一、国家宏观战略规划分析 | 017
二、高校战略规划与实施——从三所代表性高校说起 | 019
三、商业化实践调研——更具普遍意义的分析 | 027
四、商业化绩效分析 | 032

第三节　高质量发展背景下中国高校专利商业化的"瓶颈"分析 | 035
一、过往激励政策影响深远，质量问题难克服 | 036
二、制度环境完善是关键，仍面临诸多阻力 | 038
三、高校角色定位不清晰，战略根基不牢固 | 039
四、协同创新体系不成熟，生态系统不稳定 | 040
五、流程管理不健全，风险防控有缺失 | 041
六、管理服务不协调，保障供给不充分 | 042

第二章　市场导向影响高校专利商业化绩效的内在机理研究 | 045

第一节　高校专利商业化绩效的影响因素分析 | 045

一、专利商业化绩效影响因素相关研究评述 | 046

二、高校专利商业化绩效影响因素实证分析 | 052

第二节　假设的提出：市场导向如何影响高校专利商业化绩效 | 055

一、如何理解高校的市场导向定位 | 055

二、市场导向作用高校专利商业化绩效的路径分析 | 058

第三节　案例分析：来自国外高校专利商业化的成功实践 | 065

一、案例研究方法 | 065

二、高校专利商业化价值创造的基本要素 | 068

三、高校专利商业化实践中的市场导向 | 077

第三章　高校专利商业化战略形成的结构要素与驱动要素 | 083

第一节　扎根理论研究方法的使用 | 083

一、准备和探索阶段 | 084

二、深入访问及理论抽样阶段 | 086

三、资料分析和理论发展阶段 | 087

四、理论饱和度的检验 | 088

第二节　战略形成的结构要素 | 089

一、目标确定 | 091

二、外部分析 | 091

三、内部分析 | 092

四、战略选择 | 092

第三节　战略形成的驱动要素 | 093

一、战略目标 | 093

二、商业化环境 | 094

三、商业化能力 | 096

四、驱动要素模型的进一步验证 | 097

第四章　驱动情景下的战略实施合作演化博弈分析 | 107

第一节　高校专利商业化战略实施系统分析 | 107
一、系统中的参与主体 | 107
二、参与主体之间的互动关系 | 109

第二节　商业化环境维度：外部系统演化博弈 | 111
一、高校与服务机构的演化博弈 | 112
二、高校与企业的演化博弈 | 118
三、结果讨论与启示 | 125

第三节　商业化能力维度：内部系统演化博弈分析 | 128
一、"高校—发明人"演化博弈 | 129
二、结果讨论与启示 | 133

第五章　高校专利商业化战略实施的驱动策略研究 | 135

第一节　高校专利商业化战略的实施机制分析 | 136
一、专利质量与专利商业化 | 136
二、质量视角下的管理机制分析 | 138
三、质量视角下的政策体系分析 | 144

第二节　高校专利商业化战略的实施模式分析 | 154
一、高校专利商业化组织机制的选择 | 154
二、高校专利商业化收益方式的选择 | 165

第六章　新时代背景下中国高校专利商业化战略形成与实施 | 177

第一节　坚持质量优先，牢牢把握知识产权高质量发展的要求 | 179
第二节　突出转化导向，倒逼高校知识产权管理工作的优化提升 | 183
第三节　强化政策引导，发挥政策在推进改革、指导工作中的重要作用 | 186

参考文献 | 191

第一章
高校专利商业化现状分析

专利商业化的概念在国内被谈及得并不多，国内学者更多用到的词语是专利转化，如果具体到高校主体的话，科技成果转化则是国内用得更多、更宽泛的概念术语。作为知识产权的重要组成部分，相较于商标、著作权等，专利是公认的创新性强、技术含量高的一类知识产权。在全球范围内，以美国为代表的"科技领先型国家"运用其成熟的专利制度，更是将专利与经济社会发展之间的关系提高到了前所未有的高度，因而在欧美等国家，专利商业化概念用得更多，以专利商业化为核心的战略规划与政策设计成为了西方国家运用专利制度驱动经济社会发展的重要手段。比如，美国在《拜杜法案》的推动下，自20世纪80年代起，许多大学建立了技术许可办公室等专门机构，现已成为美国大学技术转移和知识产权运营的标准模式。在政策因素带动下，国外高校的专利商业化环境和绩效取得显著提升。众所周知，西方高校在专利商业化方面所取得的成就也是举世瞩目的，斯坦福大学、犹他大学、剑桥大学等一批国外高校通过重新审视知识产权所有权政策，加强与工业界的合作等方式成功实现了专利商业化，并催生出一批全球型科技公司，推动了欧美等国家创新经济的繁荣。

一组数据显示，1996~2015年，美国大学和非营利组织的专利许可活动支持了430万个工作岗位，为美国国内生产总值贡献了5910亿美元，为美国工业总产值贡献了1.33万亿美元。

本章将就国内外高校专利商业化现状展开分析，以全面了解高校在商业化环境方面的差异，并重点就国内高校专利商业化战略规划、实施和绩效进行深入分析，剖析新时代背景下中国高校专利商业化面临的主要瓶颈。

第一节
国内外高校专利商业化环境比较分析

谈及高校专利商业化，宏观环境分析是基础。无论是国外高校还是国内高校，如果没有一系列促进专利技术产业化和市场化的法规、财政、税收等相关政策，专利制度很难发挥应有的驱动作用。尤其高校本身作为非营利性组织，其角色把控更容易导致非市场化的专利管理理念，从而不利于专利商业化活动的展开。美国在该方面为全球树立了典范，基于高校使命，为了推动以服务公众利益为目标的高校创新战略形成，美国推出了《拜杜法案》，使得美国高校专利商业化面临的政策环境得到根本改善。《拜杜法案》不仅帮助美国实现了私人利益和公共利益之间的平衡，更支撑美国成为全球"科技领先型国家"。

一、国外高校专利商业化环境分析

现代美国是知识产权政策的有效运作者。美国建国虽然只有200多年的历史，但却是世界上最早建立知识产权制度的国家之一。2004年的美国政府报告明确地阐明了该国的基本政策立场："从美国立国基础来看，保护知识产权始终是一项创新的支柱……一个健康正确的强制性的国内和国际知识产权结构必须被维持。"总的来说，在知识产权领域，美国坚定奉行其国内既定政策并不断将其上升为国际规则，从而成为对现代知识产权保护制度影响最大的国家。特别是20世纪80年代以来，美国的知识产权政策做了两项重大调整：一是在国内建立了促进知识经济发展、科学技术创新的政策体系，构成了一个涵盖知识产权创造、应用和保护的完整法律制度。美国在其政策体系中，重视知识产权的规制与导向作用。例如，为鼓励成果应用，制定了《政府资助研发成果商品化法》《技术转让商品化法》等。与此同时，美国强调知识产权制度与产业政策、科技政策、文化政策的有机整合。二是在国际上实施知识产权保护与对外贸易直接挂钩的政策举措。出于在全球贸易中维护本国利益的需要，美国凭借国内的《综合贸易法》中的"特别301条款"和《关税法》中的"337条款"，积极将自己的智力资源优势转化成知识产权优势，并将知识产权优势转化为国际市场竞争优势。在支撑高校专利商业化方面，美国也为全球树立了典范。在第二次世界大战即将结束时，有远见的范内瓦·布什在写给时任总统哈里·杜鲁门的信中呼吁：①对基础研究进行强有力的联邦投资，应主要在研究型大学进行；②利用这项研究事业来培养下一代科学家和工程师。范内瓦·布什的建议促成了20世纪40年代美国国立卫生研究院（National Institutes of Health）和1950年美国国家科学基金会（National Science Foundation）的成立。由此，政府与大学之间的合作关系随之启动，推动了美国的科学复兴，并在全球科学领域占据了主导地位。

（一）《拜杜法案》——创新生态系统的发动机

为了促进研究发明迅速转移到商业部门以促进公共利益，1980年，

《拜杜法案》在资助研究的许多联邦机构中制定了统一的专利政策，使大学、非营利研究机构和小型企业能够保留其研究人员开发的、由联邦资助的研究产生的知识产权的权利，从而为大学及其教师在实现其发明技术商业化方面发挥积极作用提供了重要动力。在《拜杜法案》颁布之前，联邦政府保留了联邦资助的发明的所有权，但在大多数情况下，政府未能将发明授权给私营部门以进行进一步开发。事实上，在 1980 年政府拥有的 28000 项专利中，只有不到 5% 的专利被授权给了工业部门[①]。《拜杜法案》通过鼓励大学保护联邦资助的研究发明专利而引发了技术转让，这反过来又使企业获得了开发和商业化研究发明的必要权利。2002 年，《经济学人》将该法案称为"创新的金鹅"，指出该法案"帮助扭转了美国工业的颓势"。根据《拜杜法案》建立的公私技术转让制度，在将大学发明从研究实验室推向市场方面非常成功。技术转让为基础研究提供了丰厚的公共资金回报，其形式是无数创新产品，使消费者受益，创造就业机会，并有助于美国经济竞争力和国际技术领先地位。在 1980 年 Bayh-Dole 通过之前，大学的发明很少为了公众的利益而商业化。相反，这些发明被搁置一旁，因为联邦政府没有时间、兴趣或资源来确保这些发明从实验室转移到市场，以促进公共利益。1980 年，只有不到 250 项专利被授予大学；到 1993 年，这个数字已经超过 1500 项（AUTM U. S. licensing survey, FY 2004）。据北美大学技术经理人协会（AUTM）的调查，2015 年，美国大学获得 6124 项美国专利，导致 946 家新创业公司的形成和产生超过 700 种新的商业产品（AUTM U. S. licensing survey, FY 2015）。1996~2015 年，美国大学和非营利组织的专利许可活动支持了 430 万个工作岗位，为美国国内生产总值贡献了 5910 亿美元，为美国工业总产值贡献了 1.33 万亿美元。因此，1980 年的《拜杜法案》是一项成功的公共政策工具，它

---

① Innovation's Golden Goose [J]. The Economist Technical Quarterly, 2002, 9 (12).

所创建的系统在帮助促进大学研究成果向市场转化、为消费者和社会创造利益、创造就业机会、促进美国的经济竞争力和技术领先地位方面发挥了非凡的作用。《拜杜法案》为公共投资提供了丰厚的回报,它推动高校专利商业化所产生的各种产品和服务在许多方面对公众有益,它们创造就业机会,促进美国的经济竞争力和全球技术领导地位提升,改善公共卫生,加强国家安全。

(二) 教育协会——商业化价值理念的守护者

美国高等教育由于多元化、特殊化,学校之间的沟通合作大都仰赖各类教育协会。美国高等教育领域内有数量众多又相当活跃的教育协会,在促进政府、社会与大学之间的良性互动中起到了积极的作用,成为高等教育公共治理中不可或缺的重要力量。各类教育协会的重要作用主要体现在三大方面:一是推动高校自律,规范高等教育秩序,建立大学发展质量标准;二是协调国会、政府与学校的关系,影响高等教育立法和决策;三是沟通上下,协调左右,开展全方位的服务[①]。在推动高校专利商业化方面,美国教育协会同样发挥了独特的作用,尤其是在维护《拜杜法案》所倡导的服务公共利益方面做出了卓越的努力。

比如,为了确保大学能够很好地管理由联邦资金支持的研究所开发的发明和知识产权,许多大学制定和实施了2010年由圣路易斯大学校长马克·赖顿主持的国家研究委员会(NRC)所提出的建议,该建议第一条是:"公共利益中的大学知识产权,即每个机构(总裁、教务长和董事会)的领导应明确负责知识产权管理的单位的使命,将使命传达给内部和外部利益相关者,并相应地评估工作。使命宣言应包含并阐明大学的基本责任,支持顺利和高效的流程,以鼓励为公共利益最广泛地传播大学产

---

① 邵常盈. 美国高等教育六大核心协会的功能与启示 [J]. 教育发展研究, 2007 (13): 103-106.

生的技术。"NRC 的报告进一步强调,大学领导有责任制定并坚持专利许可政策和做法,这些政策和做法不以为大学增加大量收入为目标而实施许可,而是以实现专利许可为最大的目标。在可行范围内,旨在最大限度地开发、使用和发挥其技术有益的社会影响。

再比如,2015 年,由美国公立及赠地大学协会(APLU)和美国大学协会(AAU)组成的委员会审议并确认了大学在创新、技术转让和商业化方面的政策和价值观,各委员会分别向各院校发布了一套原则和建议。这些小组的建议详细说明了大学可以采取的步骤,以确保制度政策与这些原则相一致,并随时向公众、决策者和潜在的大学合作伙伴透明。在解释为什么要发布这份报告时,美国大学联盟特别工作组写道:"大学有责任成为由联邦资金支持的研究所开发的发明和知识产权的良好管理者,这些发明和知识产权是由联邦资助的研究开发出来的……我们相信,在这里建议的行动可以帮助向公众和政策制定者保证,大学继续专注于它们的主要使命(教育、研究和公共服务),它们的技术转让操作正在以一种服务于这些使命的方式进行管理。"这两个组织指出,大学的主要使命是服务国家,确保私营部门进一步开发校园内的发明,以造福消费者。这两个组织的原则和建议包括:①高校技术转让工作的重点应该是促进公共利益和公益事业;②大学应制定高水平的政策,确保知识产权管理和技术转让实践符合公众利益及其核心研究、教育和服务使命,技术转移实践不能与这些任务冲突;③大学不应该与专利流氓打交道,没有这样的政策的大学应该建立这样的政策,这些政策不应否定大学有权聘请外部律师或其他组织合法地保护其知识产权不受侵犯的能力;④技术转让业务应通过多种方式进行评价和评估,而不仅仅是或主要是创收;⑤至关重要的是,大学应继续分享管理知识产权的最佳做法,并以符合公众利益的方式改进技术转让操作。综上所述,无论是美国国会还是教育协会,在推动美国高校专利商业化方面均发挥了重要作用,通过国会立法，并借助教育协会发挥影响是驱动美国高校专利商业化取得成功的重要手段（见表1-1）。

表1-1 国会在技术转让领域的立法及影响

法案编号	法案内容及影响
2018年 H. R. 6390	成功法案（SUCCESS Act） 美国医学院协会（AAMC）、美国大学协会（AAU）、美国公立及赠地大学协会（APLU）以及政府关系理事会（COGR）与北美大学技术经理人协会（AUTM）一起发表声明，支持该法案，并努力在创新生态系统中促进更大的多样性和包容性
2018年 H. R. 5340 S. 1390	更严格的专利法案（STRONGER Patents Act） 这些法案的目的是通过美国专利和商标局内部审查程序来解决缺陷；它们将做出重要的改变，使专利审判和上诉委员会更像一个联邦法院；恢复禁令救济；还将针对不公平和欺骗性的索款单；北美大学技术经理人协会（AUTM）支持这项立法
2018年 H. R. 6557	发明家保护法案（Inventor Protection Act） 该法案试图纠正法院的许多裁决，这些裁决限制了专利持有者保护其专利的权利
2018年 H. R. 6264	恢复美国在创新领域的领导地位法案（Restoring America's Leadership in Innovation Act） 这项立法将彻底结束专利和商标局内部的审查程序以及其他行动
2015年 H. R. 6370	专利蟑螂法案（TROL Act） 这项立法针对的是那些试图用不公平和欺骗性的催款信来整顿小型家庭企业的个人；AUTM支持这项立法
2013~2016年	专利改革（Patent Reform） 在第113届和第114届国会期间，众议院和参议院司法委员会均审议了将对专利法做出进一步修改的立法，其范围超过了2011年的《美国发明法》 北美大学技术经理人协会（AUTM）与相关组织美国大学协会（AAU）、美国公立及赠地大学协会（APLU）、政府关系理事会（COGR）和美国医学院协会（AAMC）出于多种原因反对这种立法，最值得注意的是，该立法包括了在专利持有人为阻止涉嫌侵权而败诉的情况下规定"败诉方赔偿"和"联合赔偿"的规定。高等教育团体成功地辩称，这些条款过于烦琐，会导致大学专利无法执行，因此不值得投资。值得庆幸的是，国会的这些努力最终失败了，部分原因是高等教育团体与其他大力支持专利权持有人的组织和公司合作取得了成功

续表

法案编号	法案内容及影响
2011 年制定	《美国发明法案》（America Invents Act） 2011 年 9 月 16 日，《Leahy-Smith 美国发明法》签署成为法律，对美国专利实践进行了重大修改。该法案以其主要发起人参议员帕特里克·莱希（民主党佛蒙特州）和众议员拉马尔·史密斯（共和党得克萨斯州）的名字命名，它将美国专利制度从"先发明制"转变成了"发明人先申请制"，消除了干扰程序，并发展了授予后的反对意见
1980 年制定	《拜杜法案》（Bayh-Dole Act） 推出了上千种产品的法律：1980 年 12 月 12 日颁布的《拜杜法案》在资助研究的许多联邦机构中制定了统一的专利政策，使小企业和包括大学在内的非营利组织能够保留在联邦资助的研究项目下进行的发明的所有权

资料来源：https://autm.net/about-tech-transfer/advocacy/legislation/.

从全球范围来看，美国所打造的专利商业化环境无疑是成功的，《拜杜法案》撬动了美国整个创新生态系统的优化，推动高校成为了美国构建全球创新高地的重要支撑，尤为关键的是，法案还赋予了高校创新服务公共利益的使命，并不断驱使其为实现使命价值而努力。但对《拜杜法案》持批评态度的人士质疑，高校管理知识产权是否是为了公共利益，他们认为，大学使用政府资助的知识产权主要是为了获取经济利益，它们更感兴趣的是知识产权的货币化，而不是商业化和社会效益。但总的来说，这些批评并没有具体的数据支持。事实上，即便是科技最领先的美国，高校专利商业化也充满荆棘。有相关研究表明，超过一半的大学技术转让项目所带来的资金少于其运营成本，而只有 16% 的项目能够产生足够的资金，在将收益分配给他们的发明者后，完全覆盖其运营成本[①]。美国国家科学院、工程院和医学院得出结论，即使大学发明有很高的社会价

---

① Abrams I, Grace L, Stevens A. How are U.S. Technology Transfer Offices Tasked and Motivated: Is It All About the Money? [J]. Research Management Review, 2009, 17 (1): 1-34.

值,它们通常也不会产生大量的收入①。在少数几个大学确实通过技术商业化赚钱的例子中,《拜杜法案》也要求将这些收入再投资于大学研究和教育。尤其随着美国降低对机构的支持力度,不可避免地导致州立法机构和大学理事会将技术商业化视为研究和公共高等教育的一个潜在收入来源。很多州立大学会产生这样的疑问:"为什么他们不能像麻省理工学院或斯坦福大学那样,把技术转移转化为盈利的企业呢?"面对批评和疑惑,斯坦福大学前校长约翰·亨尼西(John Hennessey)给出了答案,他指出,斯坦福大学在技术转让方面的成功,源于其技术转让办公室愿意承担风险,将技术迅速从实验室转移到市场,而不是专注于起草旨在实现收入最大化的许可协议。亨尼西说:"作为大学,我们需要强调灵活性,欣赏技术转移带来的好处。对一个心胸开阔的机构来说,最终的回报是长期的善意和慈善,而对一个大学来说,更大的回报必然是超越收入的。在前进的道路上,大学必须通过提高管理大学知识产权的公共产品的知名度来应对批评。与 AAU、APLU、AUTM 和其他专业组织的同事一起工作,机构可以提高决策者和公众对其负责任及有效的知识产权管理的认识,以及从这项工作中获得的重大公共价值。在需要改进制度政策和实践的地方,各机构之间的合作也可以通过分享创新和有效的知识产权管理方法来提供帮助,这些方法有助于应对批评,并进一步促进技术转让的经济和社会影响。"

二、国内高校专利商业化环境分析

与世界"科技领先型国家"美国的知识产权战略不同,对于发展中

---

① National Research Council. Managing University Intellectual Property in the Public Interest [M]. Washington, D. C.: The National Academies Press, 2011.

国家而言，根据经济、科技发展阶段选择适宜的知识产权政策，对自己是最为有利的。事实上，即便在发达国家，知识产权设计也变得越来越不合理，导致了对创新的压制、对创新方向的扭曲、创新所带来的福利的减少；很多关于创新的文献关注广义的专利制度和知识产权制度，主要聚焦两个问题：一是设计最优知识产权制度，其中的每一个条款（如专利期限、覆盖面、新颖度标准、专利执行等）都是为了平衡动态和静态效率；二是评估专利造成的垄断总体上是否有助于激励研究[①]。但当前中国和发达国家存在显著差异，中国的现实情景是：知识产权制度建立时间相对较短，从改革开放至今，我国知识产权制度经历了从"逼我所用"到"为我所用"的制度变迁，同时也经历了从被动移植到主动安排的政策发展历程，这是我国高校专利商业化所面临的最根本制度环境前提。总体而言，改革开放四十多年来，我国高校专利商业化所面临的环境在不断改善，主要体现在以下几个方面：

（一） 政府改革引领下的政策环境不断优化

中国40多年的改革开放总体上是非常成功的，但当前中国经济中仍存在很多亟须攻坚的风险和问题，其中政府与市场关系的处理是风险和问题产生的重要原因。改革开放四十多年来，中国政府一直秉持市场化改革的方向，主张坚守自己的公共调节职能，是坚定不移地控制住自己干预微观企业经营和投资冲动，并坚守政府理性边界，只做在市场经济中保持正确角色定位的政府。尽管改革过程中充满曲折，但在正确方向的引领下，政府转型在我国知识产权事业发展由大向强转变过程中所发挥的作用正逐步显现。

一是国家战略部署开始转型。从2008年《国家知识产权战略纲要》

---

① 迪恩·贝克，阿尔琼·佳亚德福，约瑟夫·斯蒂格利茨等. 创新、知识产权与发展：面向21世纪的改良战略 [J]. 政治经济学季刊，2019 (1).

颁布实施，到 2019 年按照国务院部署，国家知识产权局高效推进知识产权强国战略纲要制定工作，我国高校专利商业化的知识产权顶层设计在持续优化。具体政策制度方面，新修订的《中华人民共和国促进科技成果转化法》于 2015 年 10 月 1 日正式实施；2016 年以来，党和国家以及各有关部委围绕增强创新驱动、促进科技成果转移转化、激励科技人员创新活力，出台了一系列纲领性文件、配套政策和行动方案。2016 年，中国共产党中央委员会办公厅（以下简称"中办"）颁布《创新驱动发展纲要》，中办、中华人民共和国国务院办公厅（以下简称"国办"）发布《关于实行以增加知识价值为导向分配政策的若干意见》，国办出台《实施〈中华人民共和国促进科技成果转化法〉若干规定》和《促进科技成果转移转化行动方案》，包括教育部发布的《促进高等院校科技成果转移转化行动计划》等政策相继出台，为高校专利商业化确立了政策框架。2017 年，国务院印发《国家技术转移体系建设方案》，科技部发布《国家科技成果转移转化示范区建设指引》，财政部、国家税务总局发布《关于完善股权激励和技术人员入股有关所得税政策的通知》；2018 年，中办、国办印发深化科研"三评"[①] 改革意见，要求在优化"三评"工作布局、减少"三评"项目数量、改进评价机制、提高质量效率等方面实现更大突破，基本形成适应创新驱动发展要求、符合科技创新规律、突出质量贡献绩效导向的分类评价体系。围绕国家"科技成果转化三部曲"[②] 的贯彻落实，国家有关部门共出台了 20 多个政策文件，30 多个省（区、市）共出台了近 60 项地方配套法规和政策。这些密集出台的一系列文件和政策，涉及指导思想、行动纲领、战略规划、宏观部署、行动方案、实施细则、配合政策等各个层面，为从治本环节增强创新驱动力构建起了上下贯

---

① 项目评审、人才评价、机构评估，简称"三评"。
② 《促进科技成果转移转化行动方案》与修订《促进科技成果转化法》、出台《实施〈中华人民共和国促进科技成果转化法〉若干规定》，是一个整体考虑和系统性部署，形成了从修订法律条款、制定配套细则到部署具体任务的科技成果转移转化工作"三部曲"。

通、横竖联动、完整配套的政策体系，全面深化了科技创新领域的体制机制改革，并通过"放管服"改革不断简政放权，激发活力，使加速科技成果转化的创新生态和政策环境不断改善。历经新一轮战略调整和部署，以科技成果转化为核心，我国高校专利商业化也迎来了关键发展机遇期。

二是地方政府落实稳步推进。在国家战略部署的推动下，我国各地围绕落实有关政策、破解转化梗阻、创新转化模式、提高转化成效，大胆探索，勇于创新，创造了不少新鲜经验和可借鉴范例。比如，上海、江苏、浙江、安徽三省一市建立协同发展机制，探索创新券跨区域使用，促进创新资源互联互通，推动长三角技术市场一体化，建立了技术市场和成果转化的区域协同发展机制。为加强科技成果转化中介服务补贴，湖北省出台了《科技成果转化中介服务补贴管理办法（试行）》，从重大科技成果挂牌推广补贴、成果转化服务性收入补贴、二次开发补贴、成果熟化补贴、中介服务活动补贴、年度绩效评价六个方面对服务机构予以后补助方式的财政支持。吉林省正式将技术交易后补助项目列入科技发展计划项目，重点对企业购买高校院所科技成果、技术成果作价入股创立企业、服务技术交易的技术转移示范机构和技术合同登记机构进行补助。山东省发布《关于深化职称制度改革的实施意见》，对科技成果转化人才的评价和发展做出专门规定，为科技成果转化人才建立专门的职称通道。

三是高校知识产权管理体系日趋完善。2017年1月1日，国家标准《高等学校知识产权管理规范》（GB/T 33251—2016）正式颁布实施，伴随标准的推广实施以及对国外高校成功经验的学习，国内很多大学认识到知识产权的重要性，并逐渐形成了自己的管理制度体系，为推动我国高校专利商业化提供了体系保障。一直以来，科技处是最初作为高等院校知识产权的主要管理部门，国家自上而下不断强化知识产权制度，在标准实施的推动下，高校层面的知识产权组织建设有了很大改善，《2018年中国专利调查报告》数据显示，高校建立知识产权专职管理机构的比例为44.1%，建立了兼职管理机构的比例为47.7%，尚未建立管理机构的比例分别为8.2%；人员构成方面，在设有知识产权管理机构的高校中，专职机构的知识产权管理人员在2人及以下的占比79.7%，兼职机构为68.0%。相较以往，我国绝大部分高校知识产权管理的组织基础有了显著完善，以清华大学、北京大学、北京科技大学等为代表的高校还通过设立知识产权办公室、运营基金等举措以促进专利商业化。在党和国家、各级政府部门出台的一系列改革分配制度、调动科技人员创新和成果转化积极性等利好政策驱动下，高校知识产权管理的制度环境也在发生积极变化。比如，山东理工大学设立了专门的"成果转化型教师"岗位，并制定专门的职称评审标准；上海大学出台了《科技成果转化人员高级职称评审办法》；湖北等地也出台了类似的办法。在成功经验方面，上海理工大学先将职务发明专利作价投资形成股权，再根据《中华人民共和国促进科技成果转化法》按一定比例奖励给完成团队，破解"先投后奖"与"先奖后投"的路径选择难题；西南交通大学明确规定学校与职务发明人可按30%和70%的比例共享专利权，大胆探索职务科技成果混合所有制改革，有效激励了学校专利成果商业化。

四是资本投入体系初见雏形。高校作为非营利性组织，在其专利商业化面临的诸多堵点中，资本因素的驱动作用是巨大的。资本是推动科技创新、促进优秀科技成果商业化的重要动力源和催化剂。近年来，各级政府和有关部门围绕促进科技成果转化，在完善科技创新金融服务体系方面不断加大力度，做出积极探索，成效显著。比如，国家科技部会同有关部门积极探索，推出四项举措完善科技成果转化的多元化投融资体系，即通过扩大国家科技成果转化引导基金规模，加快设立创业投资子基金；稳步推进投贷联动试点，适时扩大试点范围；探索金融与社会资本早期参与国家重大研发计划的激励引导机制，加快国家科技计划成果转化与产业化；注重加强科技与金融结合，推动社会资本投入科技成果转化。中央财政创新投入方式，积极引导社会资本，通过设立子基金投资支持了一批具有示范引领作用的重大科技创新成果的产业化。地方政府多措并举，通过设立创业投资子基金、知识产权运营基金、专利权质押融资、科技成果转化贷款风险补偿等方式，带动银行、保险、资本市场等多元化资金投资科技成果转化，有效缓解科技成果转化融资瓶颈。

（二）形成了知识产权"大保护"的工作格局

专利商业化是创新市场化的重要方式，在新时代背景下，在我国不断扩大改革开放并努力实现高质量发展的过程中，良好的营商环境是创新发展所必需的，而良好的营商环境需要知识产权的制度支撑和法律保障。知识产权作为激励创新的基本保障，其作用与营造良好营商环境的目的一脉相承。习近平出席博鳌亚洲论坛2018年年会开幕式并发表主旨演讲强调："加强知识产权保护是完善产权保护制度最重要的内容，也是提高中国经济竞争力最大的激励。"中国的知识产权保护制度是立足于中国独特的发展道路和历史实践而不断建立和完善起来的。随着时代的发展，我国对知识产权保护的认识在不断深化，相应的理念也在不断更新。这既是我国由知识产权大国向强国转变的战略变革的内在要求，也是以高校为代表的创新主体借助专利商业化实现创新激励效应的重要机遇。2019年底，中办、国办印发了《关于强化知识产权保护的意见》，着眼于推动我国知识产权治理体系与治理能力现代化建设，把加强社会监督共治，构建知识产权"大保护"工作格局，提升到了新的政治站位和战略高度。从20世纪80年代的"双轨制"保护模式，到如今提出要建立健全"严保护、大保护、快保护、同保护"的知识产权保护工作体系，我国知识产权保护水平得到全方位提升。

(三) 知识产权服务业发展迈入快车道

知识产权服务业是提供知识产权"获权—用权—维权"相关服务，促进知识产权权利化、商用化、产业化，提高产业核心竞争力的新兴业态。通过一组数据可以直观地看到这个行业的高歌猛进——2008年知识产权服务机构只有4000家，到2017年这个数字已攀至3.5万家。随着国家知识产权战略的实施，我国知识产权服务业进入快速成长期，知识产权服务业态逐渐丰富，服务范围不断拓展，新兴模式加速涌现，对提升自主创新的效能与水平，提高经济发展的质量和效益，形成结构优化、附加值高、吸纳就业能力强的现代产业体系起到了积极作用。世界知识产权组织的统计数据显示，全球90%的新技术、新发明集中在专利文献中，作为知识产权服务业的重要组成，专利代理服务业发展对于专利商业化至关重要。2008~2012年，全国专利代理机构以平均每年50家左右的数量平缓增长。从2013年开始，全国专利代理机构数量突破1000家，开始呈现大幅增长趋势。之后的几年，每年新增专利代理机构均在100家以上。2017年，专利代理机构数量增长最为迅速，较2016年增加313家，增长率为20.71%。截至2017年底，全国专利代理机构总量达到1824家，与2008年的704家相比增加了159.09%。专利代理行业呈现出规模逐渐壮大、服务能力不断提升、服务范围不断拓展、运行体系更趋健全的良好发展态势。同时，中国知识产权司法保护体系的搭建也日趋完善。2017年以来，我国先后设立了3个知识产权法院、17个知识产权法庭和2个网络知识产权法院，设立知识产权上诉法院的呼声也越来越高，覆盖全国的知识产权法院体系将会越来越完善。在这个过程中，知识产权司法审判工作与知识产权从业者的专业水准均获得了很大程度的提升[1]。

---

[1] 中国知识产权服务行业发展白皮书——暨国家知识产权战略实施十周年 [EB/OL]. https://secure.witmart.com/enzbjimg/user/2019-04/30/pub/20190430053656_5cc8173818936.pdf.

总体而言，改革开放四十多年来，中国建立起高水平的知识产权保护制度，为中国的改革开放事业做出了重要贡献。短短四十余年的发展，我国已成为名副其实的全球知识产权大国，尤其知识产权战略实施十多年来，我国知识产权事业发展在知识产权创造、保护和运用方面取得了重大突破。世界知识产权组织发布的《世界知识产权指标2019》数据显示：全球有效专利在2018年增长了6.7%，达到1400万件，而中国国内的有效专利约占70%。对于中国在知识产权领域的成就，世界知识产权组织认为这得益于中国政府的高度重视，以及为此制定的一系列促进知识产权事业发展的政策。但同时不得不承认，在以国家战略为导向的亲专利政策驱动下，尽管我国知识产权发展总体水平有效提升，但伴随我国进入高质量发展阶段，知识产权事业发展所面临的不均衡性也越来越突出，尤其以专利商业化为典型的短板凸显出我国知识产权事业进程中忽视了专利制度本身所蕴含的过程性要求。一个基本事实是，目前在向创新型经济过渡中，中国遭遇了知识产权悖论的挑战。一方面，中国拥有着越来越强大的知识产权法律和执法机制，尽管并不完善，但已日益为全球所认可。另一方面，中国仍被认为是知识产权侵权案件的高发区，在知识产权规模飞速发展的背后，知识产权质量差和实施效益不足等问题成为外界诟病的焦点，这是中国高校专利商业化过程中面临的关键问题。中国与发达国家的差距，主要在于技术能力、创新能力的差距，说到底也就是自主知识产权数量与质量的差距。目前，中国的产业结构调整、经济增长方式转变、技术升级改造已经进入关键阶段，在此情况下，以知识产权制度作为实现创新型国家建设目标的战略支撑，完成从"中国仿造"到"中国制造"再到"中国创造"的转变，对于中国未来的发展具有重要的战略意义。从某种角度而言，这是中国高校专利商业化所面临的挑战，但同时也是中国高校创新事业发展的重大机遇。

第二节
中国高校专利商业化战略规划、实施与绩效分析

比较高校专利商业化所面临的环境后发现，国外在推动高校专利商业化的实施举措系统性更强，更触及专利制度的本质，也更契合高校作为非营利性组织产出专利的特性。事实上，在相当长的一段时间里，大学在帮助美国应对挑战上并没有表现出突出的作用，美国大学虽然拥有政府巨额科技投入并聚集大量高水平科研人员，但转化为科技竞争力、现实生产力和国防产品的研究成果却非常有限。20世纪60年代末到70年代初，美国国会政府问责局和联邦科技委员会两大机构的系列报告显示：大学研发产生的专利数量稀少，成果转化率也始终保持在10%左右的低水平。而以科技成果权属改革为重点的《拜杜法案》的出台激发了大学以科技成果服务社会经济发展的动能，并确立了以服务公共利益为核心的大学专利商业化的战略基础。本节将进一步了解国内高校专利商业化在战略层面的运作现状，以深入探究国内高校专利商业化面临的瓶颈。

一、国家宏观战略规划分析

国家宏观战略规划是高校专利商业化战略的基础，能够为高校专利商业化战略规划和实施提供指引。2016年我国相继发布了3项重点战略规划，从国家战略纲要、高等学校专门规划到知识产权专项规划，基本形成了支撑国内高校专利商业化的战略框架。

2016年5月，中共中央、国务院发布的《国家创新驱动发展战略纲

要》（以下简称《纲要》）提出，实现创新驱动是一个系统性的变革，要按照"坚持双轮驱动、构建一个体系、推动六大转变"进行布局，构建新的发展动力系统。其中，一个体系就是建设国家创新体系。《纲要》提出要建设各类创新主体协同互动和创新要素顺畅流动、高效配置的生态系统，形成创新驱动发展的实践载体、制度安排和环境保障，并明确企业、科研院所、高校、社会组织等各类创新主体功能定位，构建开放高效的创新网络。在战略目标中，《纲要》强调要拥有一批世界一流的科研机构、研究型大学和创新型企业，涌现出一批重大原创性科学成果和国际顶尖水平的科学大师，成为全球高端人才创新创业的重要聚集地；并进一步要求建设世界一流大学和一流学科；加快中国特色现代大学制度建设，深入推进管、办、评分离，扩大学校办学自主权，完善学校内部治理结构；引导大学加强基础研究和追求学术卓越，组建跨学科、综合交叉的科研团队，形成一批优势学科集群和高水平科技创新基地，建立创新能力评估基础上的绩效拨款制度，系统提升人才培养、学科建设、科技研发三位一体创新水平；增强原始创新能力和服务经济社会发展能力，推动一批高水平大学和学科进入世界一流行列或前列。《纲要》规划了我国创新工作至2050年战略目标和任务，同时也为我国高校专利商业化战略规划明确了方向。

2016年11月，教育部发布《高等学校"十三五"科学和技术发展规划》（以下简称《规划》），进一步明确了高校创新的短期战略，提出高校科学和技术发展应坚持"引领创新、支撑发展、科教融合、开放协同、追求卓越"的发展理念，牢固确立服务需求导向，以提升科技创新质量和贡献为核心，以促进科教融合为主线，以推动开放协同为突破口，以深化改革为动力，坚持科技、教育、经济三结合，科技创新、机制创新、管理创新三并举，全面提升科学研究原始创新、支撑创新人才培养、服务经济社会发展三种能力。对于科技成果转化，《规划》也提出了明确的要求，进一步为我国高校专利商业化战略规划与实施探明了路径，《规划》

指出应营造有利于科技成果转化的政策环境，建立市场化的科技成果转化运营机制，建立高校科技成果转化绩效评价机制和年度报告制度，加强高校研究开发、技术转移、检验检测认证、创业孵化、知识产权、科技咨询、科技金融等科技服务职能，支撑科技服务产业集群建设。

2016年12月，国务院印发的《"十三五"国家知识产权保护和运用规划》（以下简称《保护和运用规划》）以知识产权专项为对象明确了"十三五"知识产权工作的发展目标和主要任务，对全国知识产权工作进行了全面部署。这是知识产权规划首次列入国家重点专项规划。《保护和运用规划》提出了我国知识产权事业发展的指导思想，即深化知识产权领域改革，打通知识产权创造、运用、保护、管理和服务的全链条，严格知识产权保护，加强知识产权运用，提升知识产权质量和效益，扩大知识产权国际影响力，加快建设中国特色、世界水平的知识产权强国。在发展目标中，将"知识产权运用效益充分显现"列为规划的三大目标之一，指出知识产权的市场价值显著提高，产业化水平全面提升，知识产权密集型产业占国内生产总值（GDP）比重明显提高，成为经济增长新动能。知识产权交易运营更加活跃，技术、资金、人才等创新要素以知识产权为纽带实现合理流动，带动社会就业岗位显著增加，知识产权国际贸易更加活跃，海外市场利益得到有效维护，形成支撑创新发展的运行机制。《保护和运用规划》聚焦当前我国知识产权事业发展的关键环节，与高校专利商业化实践密切相关，具有显著的指导价值。

二、高校战略规划与实施——从三所代表性高校说起

过去几十年，以"211"和"985"为代表的重点工程建设推动了我国少数高校的快速发展，在国家大量资金和人才资源的推动下，部分高校的专利商业化活动取得了积极成效。尤其在国家宏观战略引领下，以战略

谋划推进专利商业化成为了近几年重点高校专利事业发展过程中出现的新亮点，清华大学、上海交通大学和东南大学便是其中比较有代表性的。在内外部因素的综合驱动下，这些高校实施了以市场需求为导向的专利商业化发展模式，通过权衡机遇与挑战，从战略层面谋划了未来五年甚至十年内高校科技工作发展的方向、价值理念和实施路径。此外，这些高校还通过强化利益相关者导向和跨部门协调在战略文化培育方面的重要性作用，加大与技术需求方之间的信息互通促进合作，并借助组织变革、制度创新等各类举措提升专利商业化综合能力，有效提升了专利商业化绩效。艾瑞深中国校友会网依据教育部科学技术司公布的2015~2018年高等学校科技统计数据，在最新发布的校友会2019中国大学技术转让收入排名100强的榜单中，清华大学、东南大学和上海交通大学分别位列第一、第九和第十一位。具体而言，三所高校的专利商业化战略规划与实施主要展现了以下特点：

（一）以市场为导向，以战略为谋划

从战略上予以重视是开展专利商业化工作的重要前提。清华大学在"十二五"规划纲要中明确提出要坚持"顶天、立地、树人"的科研宗旨，加快推进协同创新和科技成果转化；在"十三五"规划纲要中进一步提出要"坚持使命驱动"，服务产业升级和区域经济发展战略，突破产业关键技术，推动成果转化。上海交通大学在"十二五"规划纲要中提出学校各项工作将以"促进内涵、提高质量"为主线，实现由外延发展向内涵发展转变，由数量积累向质量提升转变，推进产业技术研究院的建设，加快科技成果的产业化进程，使得学校的科技成果能够为经济增长方式转变和国民经济发展做出更加直接的贡献，为推进创新型国家建设做出突出贡献；在"十三五"规划纲要中进一步提出建立有效的科研质量控制体系，强化协同发展，提升科技创新能力，同时加快科技成果转化，推

动经济转型和产业升级，产出巨大社会经济效益的成果转化，在我国部分重点建设行业和关键发展领域中确立不可替代的地位。东南大学在"十二五"规划纲要中指出紧密结合国家经济社会发展的重大战略性科技需求，显著提升原创性和突破性科技成果的研发和产出能力，并进一步在"十三五"规划纲要中提出扩展、整合国家技术转移中心、国家大学科技园、新型产学研机构等的组织形式和服务功能，将科技成果管理与市场化运作有机结合，有效推进学校科技成果转移转化体制和机制改革，积极整合校内外优质资源，加速科技成果转移转化。

通过研究三所高校战略发展规划对于专利转化的表述我们还发现，除了从战略层面关注专利转化活动外，三所高校均采用了大量的文字来表述开展科技创新与成果转化工作的目的在于"服务产业升级和区域经济发展战略"，"为经济增长方式转变和国民经济发展做出更加直接的贡献"等，东南大学更是直接提出了"构建以市场和企业需求为导向的应用型科技成果的转移转化服务体系"。综合三所高校十余年的专利转化工作发展历程，以市场为导向，从战略层面谋划科技成果转化是其取得良好专利转化绩效的关键举措。战略因素被视为市场导向的关键促成要素，战略本身又为市场导向的实施提供了机制保障，通过战略顶层设计有利于推动高校专利转化从全局考量不同利益相关者的需求，而且有利于培育符合专利制度本质的创新文化形成，战略性选择还有助于高校正确引导内部各利益相关者专利活动的价值选择。

（二）权衡机遇与挑战，内外部综合驱动

在驱动高校以市场为导向，以战略为谋划的形成要素方面，科技工作发展所面临的机遇与挑战是三所高校均重点提及的，大体可划分为内外两个方面。内部要素主要体现在使命驱动下的学校荣誉感，清华大学作为一个百年名校，所倡导的"清华精神"一直驱动着学校的发展，百余年来，清华大学始终与国家民族共命运，走在社会进步的前列，在科技创新发展领域，清华大学同样也肩负着"清华精神"所赋予的自豪感、使命感和责任感，这既是为了维护"清华精神"，也是为了不断驱动清华人开拓创新，服务国家和经济社会发展。上海交通大学始终将民族复兴的历史责任牢记在心，始终秉承"与日俱进、敢为人先"的创新传统，始终坚持把改革作为学校发展的主要动力，始终走在中国高等教育改革的前列，学校因图强而生，因改革而兴，因人才而盛。东南大学也强调指出作为一所融光荣历史和创新精神为一体的百年名校，其一贯以培养拔尖创新人才、引领社会文化进步为己任。当然，使命感和荣誉感本身也与学校服务社会的价值观相辅相成，而提升社会服务能力也是驱动高校面向市场需求开展专利转化的重要因素。清华大学"十三五"规划纲要指出"坚持使命驱动——要勇敢肩负国家富强、民族复兴、人类文明进步的崇高使命，瞄准国家和全球面临的重大科技和社会问题，以国家重大战略需求为牵引……增强社会服务能力"。东南大学提出"以中国特色为统领，以支撑创新驱动发展战略、服务经济社会为导向，紧紧扎根中国大地，坚守大学使命与社会责任"。此外，获得良好的经济绩效也是重要的内部驱动要素，清华大学希望通过立足市场需要，通过创新驱动地方经济发展来积极争取政府投入，在此基础之上努力开拓和培育其他重要经费来源，不断提高学校产业收入、资金收益、资产收益，反哺学校建设发展。上海交通大学则提出了以"规范管理、稳健发展、回报学校、服务社会"为宗旨，以产权管理和资本运作为主要手段，以调整存量资产，加快资金回笼。

外部要素主要体现在专利转化过程中来自不同利益相关者所带来的压力，这里既有市场化主体的技术需求压力，也有政府决策管理对于高校管理绩效的期望压力，还有来自其他高校的竞争压力等。深入参与创新驱动发展战略，服务地方以及国家经济社会发展是三所高校普遍提及的，这既是高校存在的内在使命，同时也是驱动高校不断开拓进取的外在压力。清华大学强调只有承担起引领和服务创新战略的历史使命，才能为建设创新型国家奉献力量。竞争因素也不容忽视，清华大学就真切地感受到了高等教育的全球化对学校服务于国家发展而形成的压力，在创新驱动发展方面，学校面临着国内外名校的激烈竞争，驱使清华大学用国际视野分析和解决发展中的问题，在全球竞争中把握发展机遇，建设好具有中国特色的世界一流大学，更好地服务国家战略需要。除了来自利益相关者的需求压力，伴随开放式创新所带来的技术转移网络化趋势不断深化，专利转化活动本身对于风险管控、资金和服务的要求更高，也在驱使高校不断地面向市场需求开展专利转化活动。比如清华大学就指出随着世界政治和经济格局发生深刻变化，我国经济进入新常态，对于专利转化，高校需要面对的挑战、风险、阻力和矛盾也逐渐增大，学校需要不断提升科技创新开放度，强化与不同利益相关者的合作，通过创新资源的不断整合，降低交易风险，实现互利双赢。

（三）关注利益相关者需求与组织变革，强化协调功能

战略是依据组织目标对组织活动进行管理，并向利益相关者传递价值的一系列过程。高校与企业类似，也是一个典型的利益相关者组织。三所高校均将利益相关者需求作为了战略规划的重要内容，同时，高校还积极通过内部组织变革、强化组织间协调配合等方式以应对战略实施过程中环境的变化。

对外方面，关注利益相关者需求。作为国内顶尖高校，清华大学一直将满足外部利益相关者的需求作为高校发展的重要内容，通过部委合作、地方合作、企业合作和国际合作等方式，清华大学打造了全方位的合作网络。上海交通大学通过学科链对接产业链，突出学科优势和人才优势，逐步形成了具有交大特色的产学合作模式。近年来，学校与宝钢集团、中石化、中海油、中国电信、国家核电、中广核、中国商飞、中航商发、上海

电气、上海汽车等30多家国有大企业集团建立了全面战略合作关系，在关键技术研发、创新人才培养等方面开展广泛合作；与数百家行业骨干企业开展联合研发和技术攻关，成效显著。

对内方面，积极开展组织变革。清华大学在"十二五"规划纲要中强调指出"探索学科交叉科研组织的管理模式"，并指出"坚持以重大问题或重要领域为对象，进一步强化对学科交叉与跨院系科研工作的引导和扶持，加快学科交叉基础设施建设，建立跨院系、跨学科以及与校外机构共建等形式多样的研究中心或实验室"。在规划引导下，2014年，清华大学成立了技术转移研究院，建立了战略性风险投资基金，促进科技成果转化，同时牵头国际技术转移相关工作。2015年10月，成立校地合作办公室，负责协调清华大学地方研究院和派出研究院工作，同时，清华大学还成立了学校知识产权管理领导小组的日常办事机构——成果与知识产权管理办公室（OTL），负责科技奖励、专利管理、技术转移、政策与法务四方面工作。OTL与科研院、校地合作办公室、地方院、派出院、技术转移研究院以及清华控股等机构共同构建起了技术成果转移转化的工作体系，跨部门之间的协同配合为清华大学专利转化工作效率的提升提供了极大的帮助。上海交通大学在"十二五"和"十三五"规划纲要中均提出要强化跨部门、跨组织的协同创新能力，并在实践中根据跨部门协同的原则对现有组织机构进行了调整。在"十三五"规划纲要中，上海交通大学还重点指出"大力推进学术组织模式创新，依托重点研究基地，围绕重大科研项目，健全科研机制，开展协同创新。建立更加灵活的学术机构组织机制，使之能够成为更快对接国家和地方的机遇和需求的新型学术组织"。

（四）全流程强化技术供需信息的对接

信息不对称是专利商业化的重要影响因素，也是高校战略规划内容中普遍关注的焦点。通过组织职能变革、构建交流平台、产学研合作等多种形式，高校普遍搭建供需双方的沟通渠道。在互联网技术支持下，网络信息化平台的利用也更加频繁。信息的无缝对接既保障了技术研发与供给的有效匹配，更强化了与需求方的联系，稳固了专利商业化合作网络。在信息流通过程中，全流程管理是高校确保信息有效对接的重要手段，通过实时把控专利转化过程中对技术需求的收集、传播与响应以及针对技术需求的反馈，有效推动了高校专利商业化活动的开展。

清华大学的产学研合作办公室在市场科技需求的收集、传播与响应、反馈方面发挥着关键作用，其工作制度的首条内容即为"根据地方、企业提出的科技需求定期组织科技项目对接活动，同时促进技术创新性强、市场效益前景好、产学研合作基础好的项目在地方落户"，同时还提出举办和参加技术转移交流活动的工作职能。近年来清华大学主动通过深入企业进行调研、委托研发项目、共建"知识交流中心"等形式深入了解企业技术需求并积极开展持续跟踪服务，既让在校师生了解到了工业界的技术发展趋向，也推动了学校科研成果在工业界中的应用，更强化了与企业之间的合作关系。东南大学借助"科技信息服务在线"等网络平台开展市场技术需求信息的收集，然后积极通过产学研合作对接会、座谈会等各类活动深入地方或邀请企业开展技术信息的发布、交流与合作，通过供需双方的信息交流，为提升东南大学的技术转移成效提供了有效支撑。此外，东南大学还在积极建设科技成果转移转化线上线下服务平台，平台内容包含科技成果供需方数据库、成果路演和推介、中介服务等要素，该平台同时还与省级或国家级的科技成果转移转化及创新创业信息平台对接，为学校内外提供全面的科技成果转移转化线上线下的交流、展示、推广、服务的综合性服务平台。上海交通大学除了通过构建科技合作平台实现供需信息对接外，还积极依托上海市科技发展优势资源，通过国家技术转移中心与上海市政府部门进行合作，借助公共服务平台与产业界搭建信息沟通渠道。

（五）提升专利转化综合能力建设水平

无论是战略谋划还是在战略实施过程中信息对接，高校均把专利转化综合能力建设摆在了重要位置。专利转化综合能力建设是支撑战略规划和实施的重要基础，它也是在战略规划所强调的关注利益相关者需求以及强化部门间协调的前提下积极施行信息互通的必然要求。专利转化综合能力建设不仅包括对当下存量专利的转化运用，还包括技术研发、技术布局、技术推介、技术后续支持等环节的能力建设，只有具备了一定的专利创造和专利运营基础，战略部署才能得到更有效的执行，才能达成更优的专利转化绩效。清华大学一直通过组织变革的方式稳步强化专利转化综合能力建设，1983年7月成立清华大学科学技术开发部服务部；1995年7月，清华大学与企业合作委员会成立；2001年6月，学校成立清华大学国际技术转移中心；2001年9月，清华大学技术转移中心被认定为国家技术转移中心；2014年6月，成立了技术转移研究院；等等。借助组织变革，清华大学在创新投入机制、创新转化机制、创新管理机制等方面做了大量的工作，有效提升了专利转化综合能力，也带动了清华大学专利转化绩效的稳步提升。为了提升专利转化综合能力，上海交通大学科学技术发展研究院在2010年4月进行了新一轮管理机构改革，根据管理职能要求，共设计划项目办公室、平台基地办公室、科技合作办公室、国际合作办公室、重大专项办公室、成果管理办公室等部门，通过部门职能设计有效串联起了专利转化的全流程服务能力支撑体系。上海交通大学还于2014年5月注册成立了上海交通大学知识产权管理有限公司，公司主要服务于上海交大知识产权管理及技术转移工作，以建设高校技术转移桥梁为主要发展目标，通过整合创新力量和科研资源，有效对接高校和市场，促进政产学研用紧密结合。东南大学提出从科技成果的立项及考核、重点项目的知识产权维护，成果孵化和商业推介、产学研合作、投融资对接、知识产权价格评估,以及授权许可、直接转让或作价投资的合同签订等方面强化科技成果转移转化服务和与创新创业的衔接,加强科技成果转移转化能力建设,形成行政管理服务和企业市场运营职能有机融合的学校科技成果转移转化服务体系。

(六) 以制度激励持续提升科技支撑

结合学校发展阶段和需求有针对性地开展制度创新,以激励科技创新面向市场需求进而促进科技成果转化绩效提升是高校推动专利商业化的重要举措。同时,激励制度的创新带动了以市场导向为核心的创新文化的养成,使得高校战略规划的落实基础更加稳固。

早在1998年,清华大学就设立了专利基金,支持学校专利申请;同时,积极从校外争取资金用于支持学校专利申请和维护,吸引社会资金支持国际专利的申请。为鼓励发明人创新,学校还及时按照国家政策对发明人给予奖励。为促进成果转化,2009年清华大学还出台了《关于促进成果转化的若干意见》,对于成果转化过程中取得的收益在学校、院系、发明人团队之间建立了合理的共享机制。东南大学科技成果转化的利益分配经历了三次调整,从2003年的40%到2012年的60%再到现在的70%,极大地激发了学校专利转化;学校还积极通过评价制度改革促进专利转化,强调今后将在评价体系方面更加关注科技成果的转移转化,评价标准也由数量型向高价值以及成功转化等质量型指标转变。

三、商业化实践调研——更具普遍意义的分析

尽管部分高校以战略谋划专利商业化初见成效,但从全国看,国内高校在专利商业化绩效方面与欧美高校相比仍存在较大差距。不仅如此,"211""985"等重点工程建设在推动部分高校快速发展的同时,也造成

了国内高校发展的两极分化，导致教育领域结构性失衡和区域性不均衡问题越来越严重。与西方发达国家高校分布不同，我国北上广等大城市几乎囊括了全国最优质的高校资源。名校高度集中于京沪几个大都市，其余近30个省市名校数量屈指可数，呈"金字塔"式分布。截至2019年6月，全国高等学校共计2956所，专利成功实现商业化的高校占比份额极低，而且，在这部分高校中绝大多数还是教育资源集聚的"211"和"985"高校，区域分布也呈东部多西部少、南部多北部少的态势。在前文三所代表性高校战略分析的基础上，为了深入探究当前国内高校专利商业化实践的真实情况，下文进一步选取了四所高校进行实地调研，以从更具体的实施维度挖掘新时期国内高校专利商业化的成功经验以及仍然存在的制约因素。

（一）调研背景

近年来，按照中共中央、国务院有关促进科技成果转化的决策部署，我国积极推进职务科技成果所有权、处置权、收益权改革，大力构建科学合理的权益分配机制，各地高校也相继出台一系列措施，为科技成果专利化、专利成果产业化提供了制度保障。特别是2016年以来，山东理工大学（以下简称山东理工）、同济大学（以下简称同济）、中南大学（以下简称中南）、武汉工程大学（以下简称武汉工程）等高校接连传出专利商业化的成功案例，引起业内广泛关注。为深入了解高校专利商业化成功经验和仍存在的制约因素，特展开实地调研。

（二）高校专利商业化成功经验

1. 权益分配制度的贯彻落实激励高校专利商业化

国家激励政策的全面落实是四所高校专利成功商业化的重要保证。同济、中南、武汉工程和山东理工四所大学对科研团队的奖励分别为转让收益的85%、70%、90%和80%，远高于国务院印发的《实施〈中华人民共和国促进科技成果转化法〉若干规定》（以下简称《规定》）中"最低50%"的奖励占比。另外各高校还不断创新激励政策，聚焦制约高校专利商业化的关键因素，凸显精准激励的效应。例如，中南提出，对于研发团队的骨干人员，获得奖励的比例不低于课题组奖励总额的70%，聚焦了对重要成员的个体收益；同济明确了对商业化服务人员的个人奖励可达10%，而对机构的奖励为5%，有效提升了商业化过程中服务人员的个人积极性。

2. 知识产权重大工程项目引领高校专利商业化

专业化服务是引领高校专利成果商业化的重要助推器。四所高校都是国家知识产权重大工程的试点单位和参与者。近年来，国家知识产权局相继启动专利导航工程、知识产权运营体系建设、高价值专利培育等试点工作，通过建机制、建平台、促产业，在国内形成了一批专业化服务载体，加速了高校专利商业化，放大了试点效应。例如，国家知识产权局专利微导航项目组为山东理工科研团队量身打造了强大的专利布局和保护体系；上海张江国家专利导航发展实验区内某服务机构积极推动了同济科研团队专利商业化；国家专利运营某试点企业为武汉工程科研团队提供了平台支撑；中南科研团队所获得的中国专利金奖在科研团队和合作企业之间架起了投资和产业化的桥梁。

3. 学校的资源扶持推进了高校专利商业化

调研中，科技成果管理部门和科研团队普遍认为，专利商业化的成功依赖于学校领导的高度重视和敢为人先，学校对成果商业化给予了资金和平台、服务等方面的大力支持。例如，山东理工校领导积极为科研团队争取国家有关部委的现场指导；中南为了对创新成果进行知识产权的充分保护，引入高水平的社会专业服务力量，选择了10家中介服务机构开展代理服务，实施末位淘汰制；同济为这次成果转化的科研团队提供500万元购置中试设备的借款，设置了成果转化费用可分期支付的政策；武汉工程提供了50万元孵化资金以及用于专利成果中试的专业化厂房，让合作企业直接感受运营前景。

4. 高价值专利支撑了高校专利商业化

以市场导向激发创新，以企业需求引领创新，是高校专利成功商业化的基础支撑。此次商业化成功专利的共同特征在于：都是科研团队瞄准市场需求甚至基于企业实际需求"订单式开发"、成熟度比较高的成果。技术创造的市场化定位，有助于锁定技术的合作伙伴，确保了技术的市场前景；在此基础上开展的全面专利挖掘与组合布局，为技术实施构建了较为完整的专利保护体系，有力地提升了成果的市场价值，为技术的受让方提供了独占市场的保证。

（三）影响高校专利商业化的主要因素

1. 政策激励"不到位"影响高校专利商业化

一方面，权益分配改革虽然取得了巨大进步，但改革深度并没有真正触及高校的学科评估、重大科研基金项目评审、教师科研人员职称评定等方面的考核体系设计，专利商业化的成效并不对高校自身建设发展、科研教学人员职务评聘、行政管理人员绩效考核产生实质影响，"重专利数量轻专利质量""重基础理论研究轻成果转化"等现象并没有得到根本改观。

另一方面，受高校管理体制制约，科技成果商业化部门负责人往往是事业单位行政管理人员，难以界定本职管理工作与超值服务，普遍无法享受商业化服务的激励政策；而对于专利商业化科研团队来说，商业化收益被作为工资性收入需要缴纳45%的个人所得税，预期收益和实际收益的巨大落差使得激励效果大打折扣，"舍不得提收益"的现象普遍存在。

2. 运营体系"不健全"制约高校专利商业化

全国高等学校近3000所，当前专利运营体系还远没有有效覆盖，国家层面只是推进各项试点工作。在人才培养、机构建设和资金支持等方面支撑全国高校专利商业化的运营平台体系尚没有形成，导致学校和科研团队从技术研发，专利申请、布局，技术小试、中试，到专利供需信息对接和谈判等各个环节缺乏相应的专业人员、资金和平台支持。而高校科技成果商业化管理部门往往编制人员少，管理、服务不分家，重管理、轻服务，在转化方面既缺动力又缺能力的弊病更加剧了运营体系不健全所带来的不利影响。

3. 多部门联动"不畅通"阻碍高校专利商业化

专利商业化需要国家知识产权局、财政部、科技部等部委的密切协同，但在涉及高校专利商业化过程中各部委工作存在合作不畅、相关工作程序要求不统一等问题。比如，财政部、科技部已经构建了高校科技成果转化年度报告制度，而调研发现各地方知识产权局对高校专利商业化相关情况却普遍不了解，相关部委在涉及高校科技成果商业化的相关政策制度制定方面协同配合不够。在专利实施许可备案过程中，国家知识产权局和科技部采用不同版本的《专利实施许可合同》，在实际操作过程中存在互不认可的问题。

4. 对专利运营认识"不全面"影响高校专利商业化

专利运营是针对专利的使用、运作和一切提升专利权价值的行为，实质是市场主体的活动。高校在如何提升成果的市场价值方面对专利运营的市场性质还没有充分认识，围绕专利运营的商业模式设计、资源的配置在当前高校都难以达到。相比国外的风险资本主动对接高校成果商业化、校友基金的孵化成效、高校技术商业化团队的丰富的产业化经验，以及与市场接轨的服务人员的薪酬待遇等，中国高校的专利运营严重缺乏市场化的运营理念，尚未达成培育高校成果商业化的市场化能力的共识，民营资本对高校成果缺乏热情，高校对服务能力的评价视同管理活动，缺乏对专利运营的运作模式的商业考量，这些势必影响高校专利运营的生态系统的建设，难以推动高校专利商业化的持续发展。

四、商业化绩效分析

国内高校专利商业化是在科技成果转化的范畴内实施的，伴随政策环境的不断完善以及各地方政府和高校的不断努力，高校专利商业化取得了一定的实质性成效。《2019年全国技术市场统计年度报告》数据显示，2018年高校与科研院所共签订技术合同117147项，成交额为1281.50万元。其中，高校输出技术76027项，成交额为453.18亿元，比上年增长27.36%。与此同时，国内高校专利成果成功商业化的案例不断增多、多元转化模式不断涌现、全过程转化链条不断完善、转移转化组织机制也日趋成熟。

以专利商业化模式为例。在众多实务研究中，常旭华（2018）针对我国高校科技成果转化模式的讨论较为系统，在一定程度上能够反映国内高校专利商业化模式的发展现状。他指出，目前我国高校科技成果转化中处于主导地位的转化模式可归为重大攻关、技术超市、技术秘密转让、体外循环四种。科技成果成熟度、转化价值以及高校和教师的转化能力与意愿这四类因素会对主导模式选择产生影响。首先，高校的科技成果转化意愿和能力对模式选择起主导作用，若意愿和能力均不强，则高校会对成果转化疏于管理，适用体外循环；若意愿强而能力不足，则很容易因成果转化政绩工程引发转化泡沫；若能力强而意愿不足，则会产生大量睡眠专利。其次，当意愿和能力同步增长时，教师意愿和专利价值是影响成果转化模式的主导因素，若教师意愿强而可专利性差，需采用技术秘密实施转让；当教师意愿和专利价值均较低，而高校意愿和能力较强时，超市模式是主流。最后，当高校、教师转化意愿均较强，且专利价值高时，重大攻关模式最为合适。具体如图1-1所示。

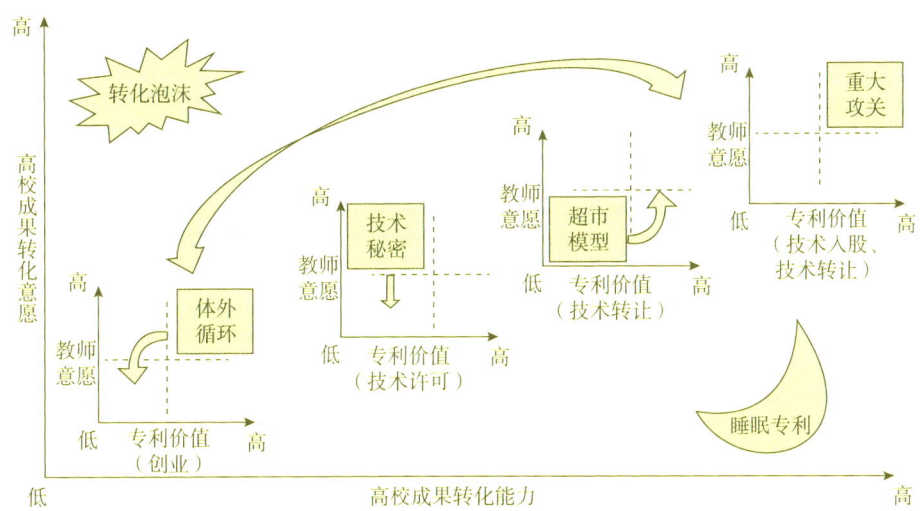

图1-1 我国高校科技成果转化四种模式及选择

资料来源：引自《我国高校科技成果转化的主导模式、共性问题及对策分析》。

模式多样化为高校专利商业化提供了更多可能性，也符合当前国内高校专利质量参差不齐的现实情况。但长期以来，国内高校专利商业化以低端的专利转让为主，尽管专利商业化环境不断优化，但国内高校专利商业化的整体绩效依然较低。图1-2展示了我国2008~2017年的国内高校专利商业化趋势，从图中来看，商业化趋势在不断趋好，且主要得益于专利转让方面，几乎呈现出直线上升的态势。但在专利许可方面，却一直维持在较低的水平上。

进一步结合《2018年中国专利调查报告》调查结果，发现相较其他专利权人（企业、科研单位、个人），我国高校在专利转化意愿和能力方面均不具备明显优势。调查发现，不同专利权人专利预期收入情况存在明显差异，高校和个人专利预期收入在5万元以下的占比偏高，分别为

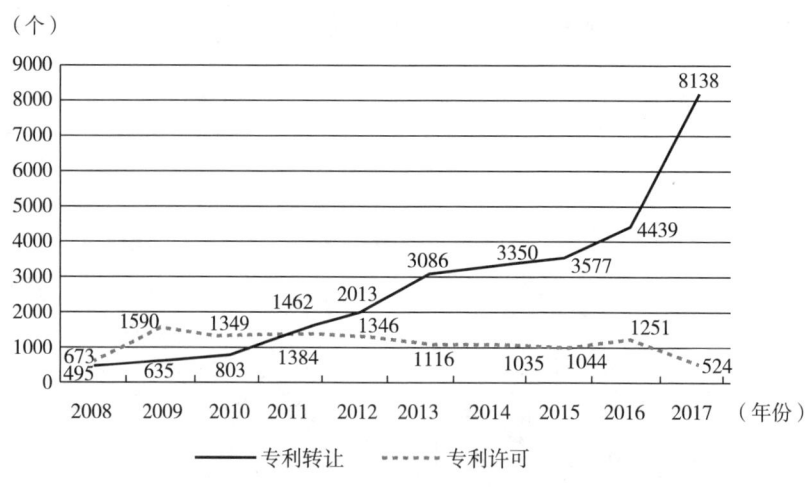

图 1-2　2008~2017 年中国高校专利商业化趋势

资料来源：引自《2017 年中国专利运营状况研究报告》。

35.6%和40.1%；企业和科研单位专利预期收入在10万~50万元的占比较高，分别为26.8%和28.3%；高校预期收入在500万元以上的占比最低，只有0.1%，明显低于其他专利权人。对于未实施专利的专利权人，将专利作为塑造形象，形成宣传效用的比例为41.0%，高校为39.8%，在四类专利权人中位列第三，仅高于个人的31.1%。对竞争对手形成抑制或封锁的比例为30.8%，高校仅为7.5%，仅高于科研单位的4.5%，市场化意识薄弱。数据显示，超过一半的高校表示没有实施的专利为其完成专利考核指标，43.6%的高校表示获得了相关资助，均占比最高。在购买专利商用化服务方面，科研单位购买过该服务的比例相对较高，占比7.8%；个人购买过该服务的比例占比较低，占比4.8%；高校略高于个人，排名第三，仅为6.2%。

在转化率方面，调查显示，2018年高校和科研单位专利权人科技成果转化率在10%以下占比最高，分别为80.1%和50.8%。调查显示，我国有效专利实施率达到52.6%。分专利权人的类型来看，企业的专利实施率相对较高，为63.2%；高校最低，为12.3%。有效专利的产业化率总体为 36.3%。分专利权人的类型看，企业相对较高，产业化率为 46.0%；高校最低，仅为 2.7%。专利许可率总体为 5.5%。分专利权人的类型来看，高校的专利许可率最低，为 1.8%；企业的专利许可率最高，为 6.1%。专利转让率总体为 3.1%。分专利权人的类型来看，不同专利权人的转让率具有一定差异。个人的有效专利转让率相对较高，为 3.7%；高校转让率最低，为 1.4%。综合来看，无论是专利实施、专利产业化、专利许可还是专利转让，在所有四类专利权人中，高校均表现最差。目前，国内高校在知识产权领域正在积极推进权益分配机制改革，探索专利运营新模式，调查数据所反映的高校专利转化意愿和能力问题，均是国内高校专利商业化低效的客观反映，表明相关改革工作仍需进一步落实深化。2016年，世界经济论坛与清华大学陈鸿波教授和斯坦福大学 George Foster 教授针对初创企业的调查也间接显示出国内高校在专利商业化绩效方面的客观差距。调查发现，无论是对初创企业的影响力还是存在状况，重点大学的催化作用与欧美等发达国家都相去甚远，比如，对于重点大学催化作用的存在性方面，我国仅为 34%，美国硅谷为 88%，北美为 75%，欧洲为 52%；对于重点大学催化作用的重要性认同方面，我国为 3%，美国硅谷为 17%、北美为 13%、欧洲为 9%[1]。

第三节

高质量发展背景下中国高校专利商业化的"瓶颈"分析

《中国科技成果转化 2018 年度报告》（高等院校与科研院所篇）显示，

---

[1] 资料来源：世界经济论坛中国理事会《中国创新生态系统》，2016 年 8 月。

高校专利申请量稳步增长,但是转化率相较于申请量明显较低,虽然投入了大量的财力物力进行各种创新研发,但是沉睡专利数量以及专利寿命明显低于各知名科技公司,维持在六年以上的发明专利占比还不到30%,实用新型专利普遍维持时间只有两到三年,说明高校对于专利商业化还存在着很多的缺陷,跟国外的高等院校存在一定的差距。专利商业化活动并不是一个单一环节,而是凝结从研发到专利申请、专利布局再到价值实现的整个过程。因此,关于专利商业化,从来都是一个系统性运作的结果。如果没有从前端就明确相关的价值导向,专利很难走向市场,也就难以确保良好的专利商业化绩效。

中国知识产权事业有着自己独特的发展路线,虽然发展时间不长,但改革开放以来所取得的成绩是有目共睹的。世界知识产权组织发布的《2018全球创新指数报告》显示,中国排名第17位,首次跻身全球创新指数20强。尽管发展迅速,但从高校专利商业化发展现状来看,国内高校专利商业化仍面临诸多瓶颈。2017年,我国经济社会发展正式迈入新时代。同时,我国又重申了对外开放以及经济全球化对中国发展的重要性。在新的发展背景下,中国高校专利商业化面临的挑战更加严峻。新形势下,立足自身发展实际,以全球视野重新审视国内高校专利商业化面临的瓶颈至关重要。这不仅关乎高校能否认清自己、明确定位,更关乎未来高校能否适应新时期国内外发展需要,以谋取更高质量、更长远发展。

一、过往激励政策影响深远,质量问题难克服

专利商业化水平低下已成为制约高校科技发展的重要因素,众多专利在形成之后就被束之高阁,然而冰冻三尺非一日之寒,造成这一局面的原因是长期且多方面的,激励政策导向影响是学界普遍关注的焦点。我国专利政策虽然从整体上具有促进科技创新的正向促进效应,但存在结构效

应。过往强化促进专利申请类的激励政策有效提升了高校专利数量，但专利的质量却不高，影响了专利商业化。在过去几年里，不同层级的中国政府制定了雄心勃勃但又往往过于简化的目标，并与国企、大学和研究机构的政府官员和管理人员的绩效评估相挂钩（Prud'homme，2012；Song，2016）。为了实现这些目标，中共中央和地方各级政府已经推出了一系列的国家财政激励措施（例如与专利申请相关的税收减免、与专利申请相关的补贴费用、与专利申请相挂钩的金钱奖励、与专利申请相关的评价认可标准、与专利申请绑定的社会公共资源供给等）。但是，由于对专利质量的要求不高，这些项目往往在刺激专利数量增加的同时，却没能提升专利的质量。许多被中国政府资助的专利在经济上或技术上没有价值，甚至都没有商业化（Dang and Motohashi，2015；Long and Wang，2016）。

低质量专利的激增限制了中国向创新型经济过渡的能力。这个过程是通过几个相互关联的机制进行的。首先，一个充斥着低质量专利的社会会危险地自我强化这种趋势。其次，糟糕的专利质量会产生不确定性，导致创新的动力减弱，从而扼杀技术发展、创业、就业和最终增长和消费者福利（Guellec and Van，2007；Hall et al.，2003）。最后，专利质量不高会增加进入壁垒。更多的专利阻碍了技术的自由实施，提高与知识产权相关的交易成本。这些障碍和成本将阻碍创新。在这样的环境下，理性的公司将寻求更低质量的专利，而不是更高质量的专利（Wagner，2009）。对于高校而言，其专利市场化的竞争压力更低，在各级政府和高校自身物质刺激、评价认可、政策倾斜等强力优惠政策的推动下，国内高校专利普遍质量低下，难以商业化。近几年，尽管国家不断出台相关政策和举措，引导高校开展体制机制改革，提升专利质量，促进专利商业化，但由于体制转轨过程中我国高校科技管理工作积重难返，过往激励政策的影响在短期内仍然难以克服，高校专利商业化前景不容乐观。

二、制度环境完善是关键，仍面临诸多阻力

制度是建立在一定社会生产力发展水平基础之上，反映该社会的价值判断和价值取向，具有正式形式和强制性的规范体系。总体而言，尽管科技部推进科技成果转移转化工作实施了"三部曲"，但支撑我国高校专利商业化的制度环境还不完善，导致助力科技成果转化的好政策在一些地方和单位仍未得到完全落实，科技成果转化面临"成果处置难""成果评估难""收益落实难"等诸多阻力，政策的激励效应大打折扣。制度环境，尤其是与政策相关的法律制度的一致性是政策实施过程中面临的关键问题，它导致很多激励专利商业化的重点举措难以落地，直接影响了高校专利商业化的速度和成效。专利商业化过程具有复杂性，需要宽松的制度环境保障，但当前各部门在政策制定过程中缺乏足够沟通，导致产出的政策之间的协调性不足甚至相互冲突，抵消"多种政策"带来的积极影响，政策和法律在基层执行效率下降。但同时也看到国家在消除制度阻碍过程中的坚定决心，让高校切实感受到了国家改革的魄力。2019年10月，财政部发布《关于进一步加大授权力度 促进科技成果转化的通知》，整合了科技成果转化涉及的国有资产使用、处置、评估、收益等管理规定，进一步加大科技成果转化形成的国有股权管理授权力度。

除了实实在在对专利商业化实践造成阻碍，制度环境还在很大程度上影响高校创新生态的价值体系塑造，进而对高校甚至一个国家专利商业化产生重大影响。以美国为例，美国非常重视立法工作和对专利的保护，其对科学和创新的鼓励在立国之初就被写入宪法，1980年的《拜杜法案》允许大学和其他非营利性组织获得政府资助项目的发明专利，对科研成果的转化起到了非常大的作用。其中一个著名的例子就是拉里·佩奇在斯坦福大学就读期间曾经获得国家科学基金会数字图书馆计划（DLI）的资助

并开发了 PageRank 算法，最终凭借这一算法创立了谷歌。而国内前几年的"褚健案"，作为浙大副校长的褚健创立了国内自动化领域的领军企业中控科技，却因涉嫌"贪污、挪用公款"等罪名被判处三年有期徒刑。在学习如何建立更合理、更完善的法律与专利制度方面，我国任重道远。

三、高校角色定位不清晰，战略根基不牢固

高校既是创新人才的集聚地，也是创新成果的策源地。鉴于大学的组织异质性，教学、研究和技术转移的"一体适用"（one-size-fits-all）模式既不现实，也不合适（Sánchez-Barrioluengo，2014；Wright et al.，2008）。如何以高水平的创新成果和高素质的创新人才来服务经济社会发展？这需要高校认真权衡，也是高校在开展专利商业化过程中需要考虑的问题。但从绩效来看，围绕专利商业化，我国大部分高校还没有形成明确的战略定位，导致高校专利工作普遍缺乏长期的规划，受外部激励政策的影响较大。从国外的经验来看，激励与技术转移效率之间的关系部分取决于激励与组织战略优先级之间的一致性（Arqué-Castells et al.，2016），战略选择对于大学的技术转移活动具有潜在的重要意义（Sánchez-Barrioluengo，2014；Siegel and Wright，2015a）。实践层面，英国高等教育资助委员会（Higher Education Funding Council for England，HEFCE）对大学知识交流的重新审视得出的结论是"大学领导力在成功的技术转移中起着至关重要的作用，大学领导必须做出的重要决定之一是，技术转移在多大程度上对学校具有战略意义"[①]。美国大学协会在 2015 年的一份声明中鼓励其 62 个成员机构按照美国国家研究委员会（United States National Research Council，NRC）的建议"制定并阐明大学知识产权管理的明确使命

[①] McMillan Group. University Knowledge Exchange Framework: Good Practice in Technology Transfer [J]. Higher Education Funding Council for England, 2016 (9).

和愿景,并将技术转移任务置于更广泛的大学战略范围内"①。而在国内,长期以来,高校场域的学术规则、产业世界的商业规则和管理机构的行政规则间的区隔与价值冲突及其所造成的对话不顺畅一直是影响我国高校角色定位的重要因素,专利商业化是高校创新驱动经济社会发展的重要手段,虽然学术界与企业界是两个完全独立的系统,但高校是科研成果的主要提供者,企业是科研成果的需求者,两者本应是建立在供求需求上的合作关系,在国家大力倡导管理体系机制改革的背景下,我国高校管理者需要用更开放的心态,运用战略管理思维重新审视高校专利管理,在学术规则与商业规则之间搭建桥梁,夯实高校专利商业化的根基。

四、协同创新体系不成熟,生态系统不稳定

产学研深度融合作为高校适应经济新常态下一种新的发展模式和道路,不仅可以提升高校科技创新和服务社会能力,而且可以助力企业自主创新、不断提高核心竞争力,从而实现校企的深层合作与共赢发展。但长期以来,我国高校将重心放在基础研究上,缺乏合作传统,在一定程度上影响了合作转化的成效。因此,在科技人员中树立基于专业化分工的合作共赢的成果转化利益观十分必要。作为一系列流程的系统作用结果,高校专利商业化过程需要技术、法律和市场等多方面的资源,产学研合作正是实现资源优势整合的一个有效途径。事实上,来自国外的成功经验表明,大学和科研机构成果转化的主渠道就是产学研的合作转化。比如斯坦福大学,与传统产学研"大学负责研究、企业负责商业化"的线性模式不同,斯坦福大学与硅谷企业之间建立了类似于"共生"的相互依存关系。研

---

① S. A. Merrill, A. M. Mazza. Managing University Intellectual Property in the Public Interest [M]. Washington, D. C.: National Academies Press, 2010.

究成果的商业化仅仅是其中的一部分，企业与大学之间还建立了合作研究、委托研究、人才合作培养、企业咨询、数据共享、设备租赁等多形式、多主体的协作机制，例如斯坦福大学的BIO-X项目就与强生、诺华等十余家生物制药巨头合作开展如访问学者助学金、资助合作研究、赠予基金等多种形式的研究计划。根据斯坦福披露的数据，通过工业合同办公室（Industrial Contracts Office，ICO），学校每年与企业签订150项资助研究协议、450项材料转让协议。这些项目大大拓宽了斯坦福和企业之间的合作范围与内涵。当前，推动高校专利商业化需要进一步优化科技成果转化生态环境，关键是构成生态环境的各个主体形成利益共同体，树立相互依赖、共生共荣的生态观，达到成果转化链条各环节衔接顺畅、融合协同、共建共享的局面。

五、流程管理不健全，风险防控有缺失

创新的价值链条是一个以市场需求为核心的P（策划）、D（实施）、C（检查）和A（改进）的循环过程，任何一个环节的问题都会对整个创新的价值创造产生重要影响。成功的专利商业化实践应打通从技术研发、专利申请到市场化的各个环节，规避可能导致价值传递失败的各类风险。而事实上，高校专利管理恰恰是割裂了创新价值链条不同环节的有机联系，在惯性价值观以及激励、考核政策等因素的影响下，忽视了专利制度内在的市场化内核，尽管申请了大量的专利，但同时也为专利商业化埋下了大量风险和隐患，比如在技术可专利性分析、技术披露时机的选择、专利维持时间的判断、代理服务机构的遴选、专利实施方式和价值的评估以及专利实施主体的审查等关键管理节点均存有影响创新价值有效传递的重要隐患。风险方面，比如专利商业化失败导致的投资风险，研发过程中因管理不当导致的技术泄露、权属纠纷以及侵权风险，专利管理不到位而导

致的专利权丧失风险以及专利市场化过程中质押、许可、出资入股等各类模式下可能出现的权益分配等风险。

以前端流程管理为例，在专利前置审查上中国和美国的大学有着迥然的差异。美国大学只会从教师提交的技术成果中选择不足50%的成果去申请专利，而由于激励政策和评价导向影响，我国高校普遍前置审查不足，教师发明人成本意识淡薄，使得大学提交专利申请门槛极低，而教师申请动能十足。美国申请一个专利需要花费1万~3万美元的成本，美国各级政府也没有针对专利申请的补贴奖励政策。虽然美国大学教师并没有制造"垃圾专利"的动机，但美国大学还是会在收到教师的成果披露后非常谨慎地评估其商业化可能性以及潜在价值规模，并选择性筛选出少部分成果申请专利，原因就在于美国专利申请和保护的成本非常高。与美国不同，中国专利申请费用相对低廉，一个专利申请费用不过几千元，政府还出台各类补贴基本能够覆盖专利申请成本，这使得学校能够拥有规模庞大的专利而没有什么经济负担。同时专利数量还能够在各类评估中体现为"科研产出能力"指标，加上制度限制、人手匮乏以及难以抵挡的基层教师申请专利的"热情"，大学内部一直没有建立起技术成果质量把控机制，任由教师敞开申请。最前端缺少质量控制，专利的申请、转化、保护等环节均会受到直接的负面冲击。

六、管理服务不协调，保障供给不充分

专利商业化涉及前沿技术、价值评估、财税金融、法律、专利制度等多个领域，生态链条的每个环节都需要专业化的管理和服务支撑。

管理方面，在计划经济体制下，国内高校很难做到多方参与管理，学校专利事务只有学校管理者及直属上级部门行使管理权，社区、协会、企事业单位没有参与权，甚至没有协商权，这直接影响了高校创新生态对于

组织管理协调性和灵活性的要求。而美国的教育管理运行机制则是扁平化的灵活管理模式，强调促进教育相关行业协会的发展，注重对人才能力、意识等方面的多元化发展，积极促进高等教育管理组织与制度专业化发展，这也是美国高校创新更加开放，更加贴合社会公众利益的体制基础。当前，我国高等教育体制改革面临的重要任务就是理顺政府、大学和社会三者之间的关系，调动各种权利主体参与高等教育管理的积极性，对高等教育的管理权和监督权重新进行合理配置，实现高等教育的有效社会治理，推动高等教育事业的健康发展。

服务方面，这里既涉及政府部门的公共服务体系，也涉及第三方的代理服务体系，还有高校自身的服务体系建设。目前，国家层面一直在倡导完善促进科技成果转化的公共服务体系建设，国家知识产权局已初步构建了"1+2+20+N"的知识产权运营服务体系；代理服务方面，知识产权服务业规模不断扩大，服务范围不断拓展，新兴模式也加速涌现；许多有实力的高校都建立了规模不等的科技成果转化中介机构以促进专利商业化。但总体而言，高端业务供给不足，服务的碎片化现象严重，创新要素的聚合能力较差。比如，一是社会服务体系不健全，总体规模还较小，服务范围比较狭窄，主要集中在如专利代理、商标代理登记等低端环节，对高校、中小企业等从整体上进行专利设计或战略规划、专利技术鉴定评估、行业预警等高端环节尚未形成具有品牌影响力的大公司，难以支撑科技成果的产业化进程。二是缺乏从实验室科技成果到产业化技术的中试平台，无法帮助高校跨越专利与市场之间的先天鸿沟。三是人才队伍建设不足，高素质、高水平的代理服务人员不足仍是长期制约我国中介服务体系建设的关键。专利商业化亟须熟悉科技专业和商业的复合型人才以及一支专业化、多功能型的技术经纪人队伍，以指导高校开展成果转化工作。四是区域调控不协调，影响了整体发展。知识产权行政管理的效率和质量仍有待提高。许多中央、省级和地方政府管理知识产权的机构之间缺乏高效的协调能力；专利代理机构主要分布在北京、广东、江苏、上海四地，东部及沿海经济发达地区专利代理机构较多。五是信息服务能力不足，无法满足不同性质、不同管理模式和业务领域主体之间的专利商业化信息需求，导致各类风险的发生。六是知识产权侵权易发多发的现象仍然存在，权利人维权"举证难、周期长、成本高、赔偿低"的局面还没有得到明显改观，影响高校专利商业化环境。

第二章
市场导向影响高校专利商业化绩效的内在机理研究

第一节 高校专利商业化绩效的影响因素分析

谈及专利商业化,首先想到的必定是市场化的企业主体,从过往国内外学者研究的趋势看,以企业为对象的研究占据绝大多数。进一步地,关于专利商业化绩效研究也是近些年才开始增多,国外相对较早,但总体而言,大多数学者研究的焦点集中在创新绩效、技术创新绩效、技术商业化绩效等相对上位的概念。但从根本上而言,专利本身是技术创新的产物,无论是创新还是技术相关绩效的研究都是专利商业化绩效研究的基础,只是相对普通技术而言,专利技术对新颖性、创造性和实用性有了更加明确的要求,而相对于传统意义上的创新而言,知识产权制度赋予了专利更丰富的产权内涵,从而具备了更强的创新驱动能力。

高校专利商业化相关研究起源于美国,以斯坦福大学为代表的美国研究型大学成功的专利商业化实践引发了全球学者对于高校专利的关注。但事实上，关于专利商业化绩效或者更上位的技术转移效率的讨论从来都不是简单的事情，比如技术转移效率的替代概念包括市场影响、政治回报、机会成本、科技人力资本的开发和公共价值，这些概念在经验性操作上都极具挑战性（Bozeman et al., 2015）。例如，很难系统地检查作为技术转移活动结果的政治奖励。同样，基于反事实推理来确定技术转移相对于机会成本的价值也是非常困难的。公共价值标准认为，只有当技术转移增强了"集体利益"并有助于实现社会共享价值时，技术转移才是有效的，鉴于客观评价"社会价值"的困难，它更不适合进行系统评价。尽管困难重重，但国内外学者还是产出了大量的关于创新、技术和专利商业化绩效的相关研究，非常值得去总结和提炼。本节将重点探讨高校专利商业化绩效的影响因素构成，并进一步挖掘其中的深层次因素，为下文作用机理的分析提供支撑。

一、专利商业化绩效影响因素相关研究评述

技术和市场因素是国内外学者普遍关注的诸多因素之一，也是关注最早的。Watkins（1990）认为转化技术的评价关键因素为技术有效性、商业化能力、技术驾驭能力、技术支持[①]。Jim Hatch（1996）认为，新技术商业化项目要素包括技术需求要素、技术能力要素、技术价值要素、技术可行性要素等[②]。Hamad（1999）认为，新技术商业化影响因素主要有技术、法规、经济、竞争技术与市场[③]。根据 Zahra（2002）的研究，成功的技术商业化项目往往涉及如下几个因素：开发并引入大量的产品和过程技

[①] Watkins W M. Business Aspects of Technology Review [M]. Devon: Noyes Publication, 1990.
[②] Jim Hatch, Gord Mckay. Assessing Technology-driven Firms [J]. Canadian Banker, 1996: 14-20.
[③] Olayan, Hamad B. Technology Transfer in Developing Nations [J]. Research Technology Management, 1999, 42 (3): 43-48.

术;创造突破性的新产品;加速这些产品进入市场;创造新知识。他们认为上述这些因素反映了新技术商业化项目的成长情况[1]。

从中不难发现,环境因素逐渐被引入了进来,但关于以政策制度等为关键的环境变量究竟多大程度对绩效产生影响,国内外学者的观点并不一致。Scott(1987)以学术商业化为研究对象,从制度理论的视角提出制度环境对于学术创业的重要影响[2]。Suchman 在制度理论的基础上提出加强创业正当性(legitimacy)的概念,作为回应,Scott 在 1995 年强调学术商业化过程中制度规范的重要性,TTO 的专业化开始被重视。在这个过程中,开始不断强化政府援助(包括政策的倾斜和各类财务补助)加速正当性实现的诉求,各国开始陆续立法通过国家政策影响大学技术转移,政府实行补贴原则。但国内学者段利民(2012)研究发现政策法规和社会环境对新兴技术商业化绩效没有显著影响,而技术因素和市场因素对新兴技术商业化绩效能起到显著的积极影响,企业能力和企业家能力也对新兴技术商业化绩效起到一定程度的正向影响,但是影响程度相对没有技术因素和市场因素显著[3]。孙林波(2018)认为,制度结构、组织支援、区域创新环境对大学学术商业化绩效有显著正向影响[4]。

尽管存在争论,但学术自由本身对问题的探索总是有益的。因为随着时间推移,新的影响因素被发现,关于组织或人的因素以及服务方面的因素被越来越多的学者纳入考虑,传统影响因素的研究也在不断深化,有关市场因素的研究在创新、创业和战略维度都得到了很好的延伸。

---

[1] Zahra, Shaker A, Nielsen, Anders P. Sources of Capabilities, Integration and Technology Commercialization [J]. Strategic Management Journal, 2002, 23 (5): 377-398.

[2] Scott W R. The Adolescence of Institutional Theory [J]. Administrative Science Quarterly, 1987, 32 (4): 493-511.

[3] 段利民,杜跃平,孟蕾. 新兴技术商业化绩效影响因素实证研究 [J]. 科学学研究, 2012, 30 (9): 1354-1362.

[4] 孙林波,陈劲. 学术商业化绩效分析——以中国重点大学为例 [J]. 科学学研究, 2018, 36 (11): 2011-2018, 2091.

组织或人的因素方面，Bozeman 等（2015）研究认为"组织设计"和"技术人力资本"是影响技术转移效率的重要代理特征。大学技术转移背景下的研究已经确定支持组织基础设施，即技术转移办公室（技术人力资本）（Caldera，2010；Heisey，2011；Rothaermel et al.，2007；Sengupta and Ray，2017a；Siegel et al.，2003；Siegel and Wright，2015b；Van Looy et al.，2011）和激励结构（组织设计）（Arqué-Castells et al.，2016；Caldera and Debande，2010；Debackere，2005；Lach and Schankerman，2008）是技术转移活动的重要影响因素。诸多研究中，有关注能力因素的，Kelly 和 Spinelli（2002）考察了组织信息获取能力对新兴技术的商业化决策的影响程度，研究表明对信息的理解能力、对特定的信息源重视程度、企业给予所得信息进行的风险预测影响着商业战略策划[1]。Bozeman 等（2015）不仅阐明了支撑技术转移效率的偶然因素，还提出了几个"有效性"原则。具体而言，他们提出了"走出去""市场影响""科学和人力资本""政治"和"公共价值"作为关键技术转移效率标准。大多数与大学技术转移效率相关的已发表研究都采用了"走出去"的效率标准（Bozeman，2015；Caldera and Debande，2010；Chapple，2005；Van Looy et al.，2011），"走出去"是指大学通过正式或非正式的机制将技术转移给外部合作伙伴的能力。张玲（2015）发现技术外部商业化对企业绩效有显著的正向作用，企业家战略能力在技术外部商业化和企业绩效的关系中起到部分中介作用。企业家战略能力在商机识别、环境感知、风险控制和动态协同等方面的作用，有助于提高企业技术外部商业化的成功率[2]。岳金桂（2019）基于我国 16 个省市目标企业的实证研究发现，技术机会识别能力、创新资源整合能力和组织变革能力显著正向影响技术商

---

[1] Spinelli K D. Commercializing Emerging Technologies: Interpreting and Acting on Information under Conditions of High Uncertainty [J]. Babson Entrepreneurial Review，2002（10）：47-57.

[2] 张玲，崔毅. 技术外部商业化、战略能力与企业绩效关系研究 [J]. 科学学与科学技术管理，2015，36（11）：124-131.

业化绩效①。有关注组织或人员规模与参与度的，Heisey 和 Adelman（2011）在他们对 1981~2003 年美国面板数据的分析中发现，TTO 内全职等效员工的数量显著增加了大学的许可收入。具体而言，他们估计，在《海湾救济法》颁布后的 TTO 中，每增加一名全职员工的数量，可使许可证收入中位数增加 90 万美元。唐志红（2019）指出高校职务发明人主导职务发明成果利益的制度安排，对于发明人从事应用型创新而言，无论从短期还是从长期来看均具有明显的积极效应。郭英远（2018）研究发现，发明人及团队参与成果转化处置，能降低成果转化中信息交易成本，有利于提高成果转化效率。还有关注动机因素的，基于对 735 名英国科学家的调查，Lam（2011）的研究发现，那些最有可能参与商业活动的学者更多是出于为现实世界挑战提供解决方案的内在愿望，而不是潜在的货币收益。因此，她总结出寻求鼓励商业化的大学应该建立基于声誉和内在动机的激励机制，而不是基于财务动机。Caldera 和 Debrande（2010）利用 52 所西班牙大学的数据显示，发明人专利权使用费份额增加 10%，许可证收入最多可增加 80%。Lach 和 Schankerman（2008）还提供了证据，证明在控制大学特征（包括规模、研发收入、当地需求环境和科学构成）时，以特许权份额形式的金钱激励会强烈影响许可证发放。Belenzon 和 Schankerman（2009）从 86 所美国大学的面板数据中得出，采用激励性薪酬会使每份许可证的平均收入增加 30%~40%。

服务方面也是研究的热点，有关技术转移服务支持影响技术转移绩效的结论对于高校专利商业化实践很有启发意义。事实上，不同的技术转移安排对技术转移生产率的影响一直是国外广泛的实证分析的主题（Ambos et al.，2008；Chapple et al.，2005；Sengupta and Ray，2017b；Siegel and

---

① 岳金桂，于叶. 技术创新动态能力与技术商业化绩效关系研究——环境动态性的调节作用[J]. 科技进步与对策，2019，36（10）：91-98.

Wright, 2015b; Van Looy et al., 2011)。具体而言,有几篇论文阐述了技术转移支持规模与相关技术转移绩效之间的联系(Anderson et al., 2007; Chapple et al., 2005; Heisey and Adelman, 2011; Lach and Schankerman, 2008; Link and Siegel, 2005; Macho-Stadler et al., 2007; Siegel et al., 2003; Thursby and Kemp, 2002; Van Looy et al., 2011)。Siegel 等(2003)对 TTO 生产率进行的最全面的研究之一表明,规模较大的 TTO 产生的收入(在一定程度上)更大,并且在许可协议数量方面的回报率呈指数增长。同样,Thursby 和 Kemp(2002)证实,更大的技术转移办公室更有可能签订更多的许可协议。郭英远(2018)研究发现,学校委托专业成果转化团队主导处置成果,能降低成果转化中信息、谈判、契约等交易成本,有利于提高成果转化效率。

市场因素从始至终一直是学者们关注的焦点,研究也最系统。Eun(2006)认为影响学术商业化绩效的关键是大学的创业能力与自身倾向,追求经济利益与内部的资源整合能力足以影响大学的创业倾向,建立自己的企业①。蔡新蕾(2017)基于制度基础观,探索了正式制度支持与非正式制度支持对企业技术商业化绩效的作用,以及战略导向(创业导向与市场导向)在两种制度支持和技术商业化间关系的调节作用。基于 404 家中国企业的实证研究表明,正式制度支持和非正式制度支持对技术商业化绩效有显著的正相关关系;创业导向和市场导向都能强化正式制度支持对企业技术商业化的促进作用②。莫斯惠(2017)发现开放式创新中的内向型开放式创新和外向型开放式创新均能促进企业成长性的提升;技术商业化能力中的战略能力和过程能力与企业成长性之间均显著正相关;技术商

---

① Eun J H, Lee K, Wu G. Explaining the "University-run Enterprises" in China: A Theoretical Framework for University-industry Relationship in Developing Countries & Its Application to China [J]. Research Policy, 2006, 35 (9): 1329-1346.

② 蔡新蕾. 制度支持与技术商业化绩效的关系研究——企业战略导向的调节效应 [J]. 研究与发展管理, 2017, 29 (6): 59-67.

业化创新能力增强了开放式创新对企业成长性的促进作用[①]。

从中不难发现,市场因素与创新、创业的关系最为紧密,在研究技术、政策环境等其他因素时,市场因素也往往被结合起来考虑。不仅如此,很多学者还将市场因素与组织战略结合起来研究,讨论市场导向或创业导向对技术或创新绩效的影响。尽管有很多研究都是以企业为研究对象的,但对于高校专利商业化绩效的相关研究具有很好的启发性。事实上,国外高校在学术成果商业化方面一直在不断强化市场因素的重要作用,有大量的文献表明,英国大学在过去30年中越来越多地采用了私营部门的管理结构(Burnes et al., 2014; Waring, 2017)。很多高校将市场因素提升到了学校战略的高度,强调从顶层谋划组织设计与实施以支持高校专利商业化活动。比如,DiGregorio(2003)研究发现,在专业机构演进的过程中,学术商业化的绩效与组织联结,大学开始提供师生创业的各项育成辅导,另外大学开始放宽诸如人员借调机制、利益分配政策和专利维护补贴政策各项能影响学术创业者的政策,组织的支持越来越友善[②]。比如前文也有所提及的,英国高等教育资助委员会(HEFCE)对大学知识交流的重新审视得出的结论,即"大学领导力在成功的技术转移中起着至关重要的作用,但在政策审查中并没有很好地理解这一作用,需要进一步强调"(HEFCE,2016)。这份报告强调,大学领导必须做出的重要决定之一是,技术转移在多大程度上对学校具有战略意义。还有美国大学协会(Association of American Universities,2015)在2015年的一份声明中鼓励其62个成员机构按照美国国家研究委员会(NRC)的建议"制定并阐明大学知识产权管理的明确使命和愿景"。NRC建议"每一个机构的领导层——总裁、院长和董事会——应该为负责知识产权的部门明确规定一个

---

① 莫斯惠. 技术商业化能力、开放式创新与企业成长性 [J]. 财会通讯, 2017 (36): 77-82.
② DiGregorio D, Shane S. Why Do Some Universities Generate More Start-ups Than Others? [J]. Research Policy, 2003, 32 (2): 209-227.

任务"(Merrill and Mazza，2010)。这项建议强调，技术转移任务应置于更广泛的大学战略范围内。

总之，影响高校专利商业化绩效的因素有很多，技术、市场、服务、组织因素以及人的因素，在诸多因素之中，专利质量是与各因素关联最为紧密的，国内外学者也从多种角度探讨了上述五类因素是如何通过专利质量进而影响专利商业化绩效的（张米尔，2013；樊霞，2014；乔永忠，2016）。此外，以市场、市场导向或创业导向为价值理念的战略要素无论是在企业还是高校的研究中均是讨论的焦点，尤其需要重点关注。

二、高校专利商业化绩效影响因素实证分析

为了更科学地分析高校专利商业化绩效的影响因素构成，在上述文献研究基础上，拟定了高校专利商业化绩效的调查量表（见表2-1），选取了江苏大学和江苏科技大学进行了预调研，对问卷进行调整后在江苏省开展了广泛的调研活动。问卷调查共涉及65所高校，共发放问卷433份，回收问卷315份，其中有效问卷302份。通过数据分析软件SPSS19.0对影响高校专利商业化绩效的影响因素进行了主成分分析，分析结果如下：

表2-1 相关矩阵表

代码	调查题项	代码	调查题项
A1	缺乏成果转化意识	A8	科研人员考核激励机制不完善
A2	缺乏成果转化方面的专业人才	A9	科技成果考核评价机制不可靠
A3	促进科技成果转化的资金投入不足	A10	专利创造能力不足
A4	产权制度不合理，收益分配不合理	A11	专利创造质量不足
A5	科技成果的市场成熟度不高	A12	专利运营管理能力不足
A6	缺乏专门的技术转移机构	A13	供需双方信息不对称
A7	鼓励成果转化的制度不完善	A14	技术交易市场不健全

续表

代码	调查题项	代码	调查题项
A15	政府鼓励科技成果转化的政策不到位	A18	针对专利转化高校内部缺乏跨部门协调
A16	知识产权保护不力	A19	高校创新战略定位脱离市场
A17	社会缺少相配套的转化机构和中介机构等		

从相关矩阵的数据来看,绝大部分的变量相关系数低于0.5,只有A7和A8、A10和A11两对变量的相关系数大于0.7,表明针对高校专利商业化绩效影响因素的调查指标选取比较好,重复的信息相对较少。进一步地,从解释的总方差表和旋转成分矩阵表的结果来看,共提取了5个主成分,具体见表2-2。

表2-2 解释的总方差及主因子构成表

		题项构成	含义
主因子1	市场因素	A13（0.85）	供需双方信息不对称
		A5（0.793）	科技成果的市场成熟度不高
		A14（0.661）	技术交易市场不健全
		A12（0.565）	专利运营管理能力不足
主因子2	服务因素	A6（0.826）	缺乏专门的技术转移机构
		A17（0.701）	社会缺少相配套的转化机构和中介机构等
		A8（0.634）	科研人员考核激励机制不完善
主因子3	制度因素	A16（0.622）	知识产权保护不力
		A4（0.613）	产权制度不合理,收益分配不合理
		A7（0.592）	鼓励成果转化的制度不完善
		A15（0.577）	政府鼓励科技成果转化的政策不到位
主因子4	发明人因素	A10（0.897）	专利创造能力不足
		A11（0.834）	专利创造质量不足
		A9（0.542）	科技成果考核评价机制不可靠

续表

		题项构成	含义
主因子5	组织因素	A1（0.783）	缺乏成果转化意识
		A2（0.757）	缺乏成果转化方面的专业人才
		A19（0.68）	高校创新战略定位脱离市场
		A18（0.599）	针对专利转化高校内部缺乏跨部门协调
		A3（0.549）	促进科技成果转化的资金投入不足

从统计分析结果来看，基本与国内外主流学者的研究结果相一致，同时也进一步证实，作为非营利性组织，高校专利商业化活动与市场化主体一样，尤其需要关注市场因素的主导作用。

总之，在影响高校专利商业化的诸多因素之中，市场因素的作用最为关键。通过强化市场导向作用，能够有效降低高校专利商业化过程中不同环节供需双方的信息不对称，提升专利技术的市场成熟度，强化专利运营能力，完善技术交易市场。更重要的是，市场导向作为关注市场需求、强调信息运用的管理策略，应当成为高校提高专利创造能力和运营能力，改变专利商业化低效现象的重要战略选择。尽管在以学术为志业的高校推行市场导向的专利商业化活动是否与高校的核心价值追求冲突为很多学者所质疑，但根据现代产权理论，专利制度作为一种产权激励制度，激励的并不是单纯的发明创造本身，而是具有市场收益的发明创造以及发明创造专利化后的市场应用和实施。从制度本质看，高校专利必须实现市场价值才能获得制度赋予的激励，这也是国家鼓励高校或其他行为主体申请专利的根本目的。因此，从理论上讲，高校在专利商业化活动中以市场为导向具有一定的合理性和合法性。因此，高校需要逐步转变传统思维观念，从宏观战略维度去优化高校内部的组织设计，强化政策激励，引导科研人员提升意识和能力。同时，服务能力和政策制度等要素也至关重要，从根本上而言，高校专利商业化绩效的持续提升需要营造一个充满活力、信息畅通、流程优化的创新生态环境，这离不开专业化服务和健康制度的支撑。

第二节
假设的提出：市场导向如何影响高校专利商业化绩效

基于上述分析，本节进一步聚焦影响高校专利商业化绩效的市场因素，讨论市场导向是如何具体影响高校专利商业化绩效的。本节的研究目的在于通过文献分析提出相关假设，为下一小节案例分析明确研究问题。

一、如何理解高校的市场导向定位

正如前文所述，关于高校专利商业化绩效或者更上位的技术转移效率的讨论从来都不是简单的事情，因为高校不同于企业，市场概念的内涵没有那么清晰，谈及绩效便能很容易想到经济效益。在高校中谈市场概念时，市场的影响往往不是唯一的，甚至不是最重要的，因为就大学使命而言，微观市场因素并没有反复强调，甚至绝大多数时间里不是大学关注的焦点。在当今时代，大学使命变得更加多样化。早在 1996 年，加拿大教授比尔·雷丁斯（Bill Readings）在《废墟中的大学》（*The University in Ruins*）一书中就直言：当今的大学非常混乱，因为它们没有统一的办学宗旨。

《大学的未来：美国高等教育启示录》一书详细阐明了美国大学使命的发展历程，从实务人才培养到以科研工作为本，再到强调服务社会与专利技术商业化，美国高校在不断发展中逐渐提升了对于市场因素的关注度，对于我们深入了解高校的市场导向内涵极具启发性。近100多年来，美国高等院校从来就没有唯一或者统一的办学目标。在美国内战以前，大多数美国高等院校确实只有一个办学目标，即培养一批精英以担任社会领导者，或者从事博学型职业。为了实现这一目标，它们制定了刻板的课程、严格的纪律，并强制要求学生参加教堂礼拜以坚定宗教信仰，以此来约束学生的思想，塑造学生的品格。然而，在19世纪下半叶，随着美国高等院校经历了三次目标鲜明且各自独立的运动之后，这个单一的办学理念开始被人们摒弃。第一次运动的出现，是由于当时社会亟须培养能够从事技术职业的学生。当时美国经济不断增长，工业化发展速度非常快，这就导致对技术类培训的需求急剧上升。第二次运动的出现，则明确地强调了科研的重要性。1876年，约翰·霍普金斯（Johns Hopkins）率先创立了第一所研究型大学。其他一些高等院校，如斯坦福大学、芝加哥大学、哥伦比亚大学、哈佛大学等，也很快创办了自己的研究生学院，在已有的本科学位和专业学位以外，开始授予研究型博士学位。因而，从很久以前，每一所主要的美国大学都将科研作为自己办学的一个重要使命。美国高等教育第三次运动的兴起，源于早期培养精英的理念，其核心在于人文精神。美国高等院校中有一批教师长期致力于精英教育，他们通过综合全面、自由开放的教育方式，重点培养本科生的思想意识。在最近的几十年中，除了上述的三个目标以外，还有两个新的目标得到人们的广泛支持。首先，随着社会变化日益复杂，对专业知识的依赖越来越多，大学开始更多地参与到社会服务之中，如为地方企业、政府机构、教育系统和其他机构提供技术咨询和专业指导。因此，许多高等院校都专门将"服务"提出来，与教学、研究一起列为办学使命。其次，研究型大学又多了一个新的办学目标，这是由地方经济、区域经济甚至全美经济的发展催生的。斯坦福大学促进硅谷的发展就是早期的一个非常成功的案例。如今许多高等院校已经建立了技术转移办公室，安排专门的工作人员阅读教师们的著作，寻找可以申请专利或者授权的项目，提供给有意向的公司。从美国大学使命的发展历程可以得出一个基本结论，即一个国家大学的使命是不断变化的，而现实社会需求的变化是核心驱动要素。

就中国而言，19世纪下半叶中国兴起的近代大学从一开始就肩负起教育救国的使命。1949年中华人民共和国成立后，我国大学的使命便与国家的社会主义建设息息相关。改革开放以来，按照面向现代化、面向世界、面向未来的要求，大学为国家现代化建设培养了数以千万计的高素质人才。作为后发国家，中国的大学制度虽然是从西方学来的，但其在发展中却形成了自己不同的传统，即仅把传承知识作为根本使命，而对于创新知识则不大重视，这也与当下国内高校普遍不重视专利商业化息息相关。在长期发展过程中，关于国内高校的使命，比较普遍的说法有三：一是培养人才，二是科学研究，三是服务社会。尽管总体和美国大学较为相似，但国内高校在这三方面的绩效表现均有一定差距。尤其在以技术为主线的范畴内，中国大环境一直处于追赶的状态，导致国内高校的市场导向内涵往往局限于传统的"知识传承"，反而对微观市场因素缺乏应有的重视，这与宏观环境的影响是分不开的。

那么，美国大学使命的核心到底是什么？国内高校能学到哪些经验呢？或许哈佛大学校长白乐瑞（Lawrence S. Bacow）的回答能使我们有更深的了解，他在2019年3月参访北京大学并发表题为《真理的追求与大学的使命》的演讲时指出："我们的大学必须继续坚持这些让我们在历史的长河中与众不同的价值：真理、卓越和机会。"美国大学使命的演进深刻反映了美国社会发展需求或价值的变化，但如果我们在同时代比较技术革命的发展会发现，美国大学强调以市场为导向与技术革命带来的社会变化息息相关。在不同的技术变革趋势下，当下美国社会的价值导向是不同的，虽然价值导向和市场导向的概念有很大差异，但从美国社会的发展历程看，影响美国成为全球领先科技强国的绝不仅是微观市场因素，精英与实务人才培养、强大的基础科研能力等主导不同时代的价值导向都为当今美国大学将"服务"确立为使命，不断强化高校专利商业化以促进区域经济乃至全美经济发展起到了推波助澜的作用。因此，从这个角度而言，高校的市场导向内涵应当是一个相对宽泛的概念，因为无论就市场因素本身还是就大学使命而言，高校所要考虑的绝不仅限于微观的市场因素，它还需要去关注与市场因素密切相关的社会其他价值导向，这些因素与市场因素相辅相成。如前文所述，除了市场影响外，高校还需要考虑政治回报、机会成本、科技人力资本的开发和公共价值等（Bozeman et al.，2015）。

二、市场导向作用高校专利商业化绩效的路径分析

作为知识产权管理的全球性组织，世界知识产权组织（World Intellectual Property Organization，WIPO）一直致力于推广全球知识产权管理的成功经验，从其关于推动高校专利商业化的相关表述中或许我们可以找到相关启发或者证据。WIPO在激励来自大学/公共研究机构实验室的想法和发明流动到市场，通过新产品、新方法、新工作和新创意来造福社会时指出，为最大限度地发挥公共资助研究成果的社会经济作用，大学和公共研究机构需要确保研究成果得到有效推广。这意味着考虑所有类型的传播和转让机制。WIPO指出，为了科学、技术、社会经济和商业目的，学术知识和创新技术通过各种渠道被转让和使用，这些渠道包括：出版物（技术期刊、科学杂志等）；演示报告和私人交往（会议、课程、专业组织等）；专利文献；合同研究、资助研究以及与企业的研发合作；机构与企业之间的员工交流计划；研究生项目；进入劳动力市场的学生；由大学员工进行的咨询工作；技术的转让和许可；子公司和初创公司。同时，WIPO还指出，在创新、发明及研究成果或教材的产生和传播中，需要有

数个利益相关方通过这种或那种方式提供帮助。每个利益相关方都有自己的利益和期望，这些利益和期望并不总是完全一致的。为了获得主要利益相关方的承诺和支持，应当最好与它们一同起草知识产权政策，这些利益相关方包括：大学和研究机构、这些机构的员工（包括研究人员、技术人员和行政人员）、发明者研究小组和部门、大学毕业生和硕士研究生、研究生和博士后、访问学者、资助人和产业合作者、技术管理办公室（TMO）、国家专利局、资助机构、产业界以及政府。高校需要考虑所有可能的商业化合作伙伴（如子公司、现有公司、投资者、中小企业、其他非营利组织、创新支持机构甚至政府），并选择最合适的机制和合作伙伴。因此，本书认为，从高校的角度而言，市场信息流通是市场导向作用高校专利商业化绩效的核心要素，为了实现市场信息的有效流通，高校需要建立有效的运营机制，并不断优化微观专利商业化运营流程，以推动形成与高校良性互动的伙伴关系网络，加速高校专利商业化资源集聚，提升专利商业化能力，进而通过各种途径促进高校专利商业化。为了进一步佐证结论、提出假设，下文将进一步结合国内外学者开展的研究进行论述，具体讨论如下。

（一）市场信息流通与高校专利商业化绩效

市场作为影响高校专利商业化绩效的关键因素，从全球范围内高校专利商业化的成功实践来看，市场信息的流通是市场导向影响高校专利商业化绩效的重要途径。首先从最典型的企业研究看，随着开放式创新理论与实践的发展，越来越多的企业开始将内部闲置或与企业商业模式不匹配的知识产权作为可交易的资产，以出售、许可等方式在组织边界之外进行商业化，知识产权外部商业化已成为企业创造价值和获取竞争优势的战略性选择[①]。为

[①] Lichtenthaler U. External Commercialization of Knowledge: Review and Research Agenda [J]. International Journal of Management Reviews, 2005, 7 (4): 231-255.

此，Lichtenthaler 等（2009）最先提出了解吸能力理论，并指出解吸能力包括识别外部知识商业化机会和随后将知识转移给接受者两个阶段。解吸能力是对吸收能力的补充，它描述了企业将内部知识资产外部化以便从中获得适当回报的能力[①]。从该理论的内涵看，它与高校专利商业化极为相似。而有关解吸能力的研究大都强调了成熟市场的重要性，认为解吸能力的提升有赖于知识等市场信息的有效流通。事实上，早在 2005 年，Lichtenthaler 就率先对知识外部商业化抑制因素和驱动因素进行了阐述，他认为抑制因素主要有知识产品复杂性、市场缺陷和补偿标准难以确定等。驱动因素主要表现为技术推动、风险投资和中介市场拉动，而其中市场缺陷和中介市场拉动均是影响市场信息流通的重要因素。Lichtenthaler 等（2010）进一步研究认为，解吸能力已逐渐成为企业增强创新能力和实现资源价值最大化的一种特质资源，表现为辨识知识资产的外部化机会、市场信息和行业动态、转移知识并后续跟踪服务合作伙伴。Lichtenthaler 等还认为解吸能力在跨组织边界技术转移中能降低技术交易成本，提高创新绩效[②]。Ahn（2016）等学者认为解吸能力的机会识别需要企业经常通过科学出版物、会议、专利和互联网自主地披露重要的知识，以便公司可以吸引潜在的合作伙伴，并创造新的合作机会。韵江等（2014）研究了解吸能力对跨界搜索产生的影响，结果呈现积极的正向关系[③]。高校方面并没有相关解吸能力的研究，但相关学者的研究结论也均表明市场信息的流通对专利商业化绩效有积极影响。比如 Kim（2019）以斯坦福大学技术转移办公室的 919 项发明为样本，研究了发明人和中介方之间的关系在大学发

---

① Lichtenthaler U, Lichtenthaler E. A Capability-based Framework for Open Innovation: Complementing Absorptive Capacity [J]. Journal of Management Studies, 2009, 46 (8): 1315-1338.
② Lichtenthaler U, Lichtenthaler E. Technology Transfer across Organizational Boundaries: Absorptive Capacity and Desorptive Capacity [J]. California Management Review, 2010, 53 (1): 154-170.
③ 韵江, 杨柳, 付山丹. 开放式创新下"吸收—解吸"能力与跨界搜索的关系 [J]. 经济管理, 2014 (7): 129-139.

明许可中的作用，研究结果表明，发明人—中介方关系能够使中介方减少信息不对称和发明人/潜在被许可人的搜寻成本，对许可率存在积极的影响。

综上所述，本书提出如下假设：

H2.1：在高校专利商业化价值实现的过程中，市场导向通过市场信息的流通（技术、人才、资金等各类信息的收集、传播和响应）正向影响高校专利商业化绩效。

（二）伙伴关系建立与专利商业化绩效

从市场信息流通作用高校专利商业化的相关研究中不难发现，伙伴关系的建立对市场信息的流通至关重要。高校专利商业化活动本身是一个多主体参与的系统过程，如果高校专利活动只局限于学校内部，闭门造车，不去营销，产出的专利将很难满足市场的需要。一旦与市场联通的渠道阻断，基于市场机制的相关资源，比如人才、资金、信息等资源将很难集聚，原因有二：一是缺乏相关的内外驱动力，专利商业化各环节之间无法有效联通；二是即便形成了相关的关系网络，由于缺乏相关运营机制和资源整合能力，也会由于质量等诸多风险问题导致专利商业化过程困难重重。因此，基于过程管理的理念建立伙伴关系，系统考虑如何重塑高校专利商业化活动的市场基因，通过联通专利商业化活动的各方利益相关者，破除信息阻碍，推动资源集聚，有利于培育健康的专利商业化生态基础。通过信息互通，伙伴关系的建立还能够强化各方理解，促进技术交流与合作，打通营销渠道，进而提升资源整合能力以及技术输出与吸收能力，加速高校专利商业化。

学者研究方面，即是企业相关的研究。Ziegler等（2013）在分析企业知识产权外部商业化与其价值创造之间关系时，通过对14家专利密集型企业的深入研究，结果表明，专利外部商业化的驱动因素主要表现在企业内部和企业外部两方面。其中,外部因素由技术市场和合作伙伴构成。Ziegler 等通过对合作伙伴与知识产权外部商业化的关系进行研究得出,专利所有公司的专利和技术转让绩效不仅取决于合作公司以前的技术和技术能力,还取决于接受公司的组织整合以及知识的吸收能力,具有较强技术能力、吸收能力和组织整合能力的合作伙伴对技术转让方的企业有显著影响。技术市场作为在两个或多个合作伙伴之间完成外部专利商业化过程中的各种任务和功能的代理,企业通过与知识产权中介合作可以补充和扩大自己解决外部专利商业化的能力,帮助公司寻找合作公司并准备和实现知识资产的交易。技术市场越成熟规范,企业越容易获取丰富和透明的市场信息,并能协作企业规范有序地转移知识资产给合作伙伴。同时,合作伙伴先前拥有较强的技术学习和技术应用能力,在接受知识资产时则更容易消化吸收,因此,在同等条件下,技术市场越完善、合作伙伴的吸收能力越强,企业越能显现出较强的解吸能力。冯强(2018)也发现,商业化动机、合作伙伴对商业化绩效均有显著的正向影响。

高校研究方面,影响高校专利运营价值创造能力的因素不仅包括高校特征和发明人特征因素,还包括专利特征因素、企业特征因素,以及高校或发明人与企业、中介机构等组织之间的关系特征等因素,具体包括高校与产业界建立的商业化关系网络。Weckowska（2015）以英国 6 所高校为样本进行案例分析时发现,在通过技术转移办公室进行专利运营的实践中,存在"聚焦于专利交易"和"聚焦于建立关系"两种实现专利商业化的路径。范柏乃和余钧（2015）采用面板 Tobit 模型分析了主体因素、主体关系因素、环境因素对高校技术转移效率的影响;结果表明,高校自身的推动、企业与高校的关系、地区 GDP 对高校技术转移效率有显著的正向影响。Stankeviciene 等（2017）利用 FARE 和 TOPSIS 方法,分析了影响技术转移价值创造的指标,以立陶宛高校为实证研究对象,研究结果揭示了校企伙伴关系、TTO 能力、科学家对 TTO 的信任等因素的重要性。

Shen（2017）以台湾为样本，通过比较高校科学家、高校技术转移办公室、企业家等高校技术转移利益相关者在决策试验和评估实验室方法方面的不同观点，讨论了高校技术转移中的关键障碍及各障碍之间的关系；研究结果表明，综合考虑三方的观点，在技术转移期望和工作实践方面缺乏互相理解是最突出的障碍。Min 等（2019）利用韩国高校 669 件发明商业化的案例数据进行实证分析，研究发现，市场竞争强度是调节伙伴关系和吸收能力对技术成功商业化的影响的关键因素；虽然与校企合作对商业化的成功产生了积极的影响，但这种影响被市场竞争的强度削弱了；市场竞争的激烈程度提高了企业吸收能力对技术商业化成功的重要性。

综上所述，本书提出如下假设：

H2.2：在市场信息的流通过程中，伙伴关系正向影响高校专利商业化绩效。

H2.3：在市场信息的流通过程中，资源整合能力在伙伴关系作用高校专利商业化绩效过程中发挥正强化作用。

（三）相关运营机制与专利商业化绩效

无论是对于企业还是高校，国内外学者的研究均表明建立伙伴关系对于专利商业化绩效具有重要影响，同时还探明了伙伴关系的建立能够提升组织的资源整合能力，进而强化伙伴关系对专利商业化绩效的正向影响。另外，也有很多学者研究发现，以组织机制和商业化流程或程序为典型的运营机制建设对伙伴关系作用专利商业化绩效有显著影响。从企业层面研究发现，商业化动机强烈而明确、组织结构高效合理，则企业的解吸能力也越强。一个高效、灵活、专业的组织结构不仅能够及时准确地识别机会，还能够促进复杂的知识产权顺利转移提高外部商业化绩效。在高校层面，Wu 等（2015）提出，建立能够促进校企合作、鼓励合作研发的机制,有利于提升高校专利运营绩效①。Munshaw 等(2018)通过问卷调查研究了发明人的学术地位、创业经验、对商业化流程的了解等因素对商业化行为的影响,发现相比发明人对学校发明商业化资源可用性的认知,发明人的创业经验对发明商业化行为的影响更大,显示出设立相关商业化程序的必要性。

组织机制的重要性也是学者们研究的重点,Fini 等(2017)以意大利、挪威和英国的所有高校为样本,分析了高校技术转移办公室等组织制度框架条件对大学衍生企业数量和质量的影响,研究发现,高校层面制度框架条件的变化有利于创造更多衍生企业②。Battaglia 等(2017)认为,大学技术转移办公室可以通过扩充工作人员实现内部发展,也可以通过建立新的组织结构汇集不同大学技术转移办公室之间的资源以求得外部发展③。Sinell 等(2018)基于对五个国家的技术转移办公室管理人员的访谈,提出了两种理想的技术转移办公室类型,即国家资助公共产品型和自筹资金创业型,这两种类型的技术转移办公室在目标、实践、收入来源以及组织内位置等方面存在差异。国家资助公共产品型寻求公共利益,而自筹资金创业型追求商业成功,因此,国家资助公共产品型将为传播知识和加强地方创新生态系统创造机会,而自筹资金创业型则将寻求有希望的创意并培养与工业界的关系④。Horner 等(2019)以 Child 的战略选择理论为整合框架,利用来自 115 所英国大学的数据,研究表明,组织的基础设施支

---

① Wu Y, Welch E W, Huang W L. Commercialization of University Inventions: Individual and Institutional Factors Affecting Licensing of University Patents [J]. Technovation, 2015 (36-37): 12-25.

② Fini R, Fu K, Mathisen M T, et al. Institutional Determinants of University Spin-off Quantity and quality: A Longitudinal, Multilevel, Cross-country Study [J]. Small Business Economics, 2017, 48 (2): 361-391.

③ Battaglia D, Landoni P, Rizzitelli F. Organizational Structures for External Growth of University Technology Transfer Offices: An Explorative Analysis [J]. Technological Forecasting and Social Change, 2017 (123): 45-56.

④ Sinell A, Ifflander V, Muschner A. Uncovering transfer - a cross-national Comparative Analysis [J]. European Journal of Innovation Management, 2018, 21 (1): 70-95.

持是必要的，但不足以说明提高技术转让效率的原因，大学管理者的战略选择在组织基础设施对技术转让有效性的影响中发挥关键的中介作用[①]。

综上所述，本书提出如下假设：

H2.4：在市场信息的流通过程中，相关运营机制（组织机制或商业化流程）在伙伴关系通过资源能力影响高校专利商业化绩效过程中发挥正强化作用。

第三节
案例分析：来自国外高校专利商业化的成功实践

案例研究方法能够深入挖掘研究焦点的现象特征，可以帮助人们增进对复杂研究焦点的了解。因此，本节采取案例研究方法进行案例分析，系统分析高校专利商业化价值创造的基本要素，讨论高校如何基于市场导向实现专利商业化价值创造，提升专利商业化绩效。

一、案例研究方法

（一）案例样本的选择

根据 Milken Institute 于 2017 年 4 月发布的研究报告 Concept to Commercialization: The Best Universities for Technology Transfer，在所有接受调查的 225 所高校中，犹他大学、斯坦福大学、宾夕法尼亚大学分别位列第一、

---

① Horner S, Jayawarna D, Giordano B, et al. Strategic Choice in Universities: Managerial Agency and Effective Technology Transfer [J]. Research Policy, 2019, 48 (5): 1297-1309.

第五和第六。这几所大学都是美国著名的研究型大学，并且极其注重对研究成果的商业化。

其中，犹他大学在 2015 年吸引了 4.172 亿美元的研究经费，位列全美顶级高校之首。尽管犹他大学并没有在任何一项单独类别中排名第一，但它一直在多项指标上名列前茅，包括专利数量、许可数量、许可收入金额，以及具有绝对规模和研究经费支出规范化的初创公司数量。犹他大学之所以能够位列第一名的位置，是由于许可收入和初创公司两项指标在整个评价体系中占有最大的权重。2012~2015 年，犹他大学许可收入为 2.118 亿美元，成立的初创公司达到 69 家。作为位于盐湖城这样一个较小的都市圈的高校，这是一项非凡的成就。

斯坦福大学对于那些关注 IPO 或科技股市场资本化的人来说，排在第五位的高配并不奇怪。这所大学的商学院帮助整个学校建立了一种创业文化，当与它的医学院相结合时，它在商业化领域具有强大的能力。斯坦福大学在硅谷的形成和发展中扮演了重要角色。斯坦福大学在专利和许可收入方面得分最高。斯坦福大学 2015 年的研究支出为 9.464 亿美元，在将投入（研究经费）转化为产出（专利、许可证、许可证收入和初创企业）方面其表现特别突出。

宾夕法尼亚大学通过专利商业化也吸引了大量的研究资金，2015 年超过 8.88 亿美元，2012~2015 年为 36 亿美元。2015 年，宾夕法尼亚大学的许可收入为 4200 万美元。

《拜杜法案》的颁布实施，极大地促进了美国高校进行发明商业化的积极性。犹他大学、斯坦福大学、宾夕法尼亚大学的专利商业化模式在美国高校中具有较强的代表性，并且成绩突出。通过对这些大学的专利商业化实践进行案例研究，有利于探究高校如何基于市场导向实现专利商业化价值创造，为探讨专利商业化实践的优化策略提供参考。

(二) 数据收集与分析

根据 Yin (2017) 关于案例研究设计与方法的论述，笔者在研究设计阶段，对研究计划进行详细讨论并编写研究草案；在数据收集阶段，利用访谈和档案资料等不同来源的证据进行"三角验证"，基于证据链来说明研究问题；同时，基于商业模式理论构建具体的分析框架，设计访谈提纲，从而确保数据的信度与效度。

案例数据来源主要为文献资料、二手数据和邮件/电话调研访谈。数据收集与分析流程如下：首先，搜集相关文献资料和二手数据，包括第三方机构研究报告、第三方媒体报道、大学官方网站宣传材料等，提出初步研究框架，并基于研究框架设计访谈提纲；其次，针对调研问题，通过邮件、电话、面谈等方式对案例高校工作人员进行访谈；最后，对所得的各种数据和资料进行整理和分析，并形成结论。

(三) 分析框架的构建

高校开展专利商业化的主要目的就是促进学校技术发明商业化并从中创造价值。这些价值既包括通过许可知识产权等方式为学校和发明人带来的经济价值，也包括通过为社区成员提供创业机会、技术信息等方式支持区域建设和发展，以及在创新创业方面培育学生等的社会价值。同时，高校在专利商业化中的突出表现，还可以提升学校的知名度和社会声誉，从而为学校吸引研究经费。可见，高校从事专利商业化可创造的价值，不仅包括经济价值（如专利许可收入），也包括非经济价值（如学校知名度）；同时，高校专利商业化不仅可以为高校自身带来价值，也可以为社会创造价值。

明确高校专利商业化价值创造的基本要素，有助于描述案例高校的专利商业化实践，便于探讨市场导向是如何在案例高校专利商业化活动中得以实践的。根据商业模式理论，商业模式的组成要素揭示了企业创造何种价值、如何创造价值、价值如何获取的完整逻辑。其中，描述如何创造价值的要素，如关键伙伴、核心能力、关键业务、关键资源等要素被不同的学者多次重复提到。我们在梳理总结已有研究成果的基础上，提出了高校专利商业化价值创造要素的分析框架，包括资源能力、组织结构、伙伴关系、流程活动四个基本要素（见图2-1）。通过对上述要素进行分析，可以更加清晰地展示高校专利商业化是如何实现价值创造，有助于探讨市场导向如何影响高校专利商业化实践，对上文提出的假设给出回应。下面将围绕资源能力、组织结构、伙伴关系、流程活动四个基本要素，对案例高校专利商业化实践进行具体分析。

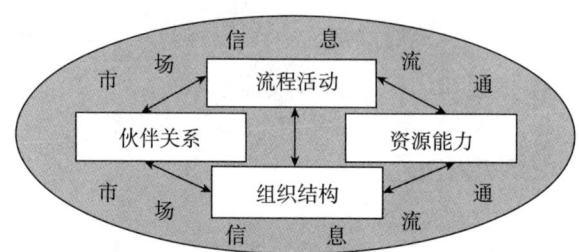

图 2-1　高校专利商业化实践的分析框架

二、高校专利商业化价值创造的基本要素

（一）组织结构

大多数主要的美国研究型大学都设立了类似技术转移办公室这样的机构，以积极开展专利申请，并管理其专利的商业化。技术转移办公室的专业人员定期与大学研究人员接触，评估早期研究是否有潜在的商业价值。

技术转移办公室工作人员协助提交发明披露，向美国专利和商标局申请专利，制定知识产权商业化战略，并安排与商业和私募股权团体的合作机会。

1967年，在犹他大学研究基金会（The University of Utah Research Foundation，UURF）的支持下，犹他大学组建成立了TVC，负责犹他大学研究成果的商业化。犹他大学TVC已经成为全美在评估和降低风险、协助商业化进程工作中最好的机构之一，特别是在组建新公司、提交专利申请、科研资助、总许可收入等方面成绩突出。

斯坦福大学的技术许可办公室（OTL）成立于1970年。OTL负责管理斯坦福大学的知识产权资产，其宗旨是帮助把科学进步转化为有形的产品，同时把收入返还给发明者和大学，以支持进一步的研究。自1970年以来，OTL累计处理的许可证产生了17.7亿美元的收入。

宾夕法尼亚大学于2014年整合了学校的TTO和其他与商业化和初创企业相关的项目，成立了Penn Center for Innovation（PCI）。在PCI生态系统中，Pennovation Center是宾夕法尼亚大学的创新活动中心和孵化器，是毗邻大学的占地23英亩的Pennovation Works研究和商业园区的重要组成部分。Pennovation Center包括可供大学相关企业和私营企业使用的共同工作空间以及灵活的实验室和生产空间。

(二) 流程活动

一般来说，美国大学的专利商业化流程都遵循发明披露、价值评估、专利申请、市场营销这样的基本路径。例如，斯坦福大学的专利商业化流程共包括10项活动，即发明披露、专员指派、价值评估、专利申请、市场营销、商业谈判、监控进程、现金收益分享、股权收益分享、许可协议修正；宾夕法尼亚大学的专利商业化流程主要包括6项活动，即发明创造、技术披露、价值评估、知识产权申请、商业化战略制定、协议或商业关系制定。为进一步分析专利商业化流程活动，下面对犹他大学的专利商业化实践进行具体分析：

为了对早期发明披露和技术进行降低风险处理，促进技术发明的商业化，犹他大学提出了一套被称为"商业化引擎"的项目。"商业化引擎"是一项增值、审查和降低风险的项目。借助该项目，犹他大学为技术发明的商业化提供资金支持，对早期发明披露和技术进行降低风险处理，帮助学校发明人将技术发明转化为改变生活和生产的实际应用。如图 2-2 所示，"商业化引擎"主要分为三个阶段，即发明披露、"二冲程"（Two-Stroke）和"4 缸"（4-Cylinder）。

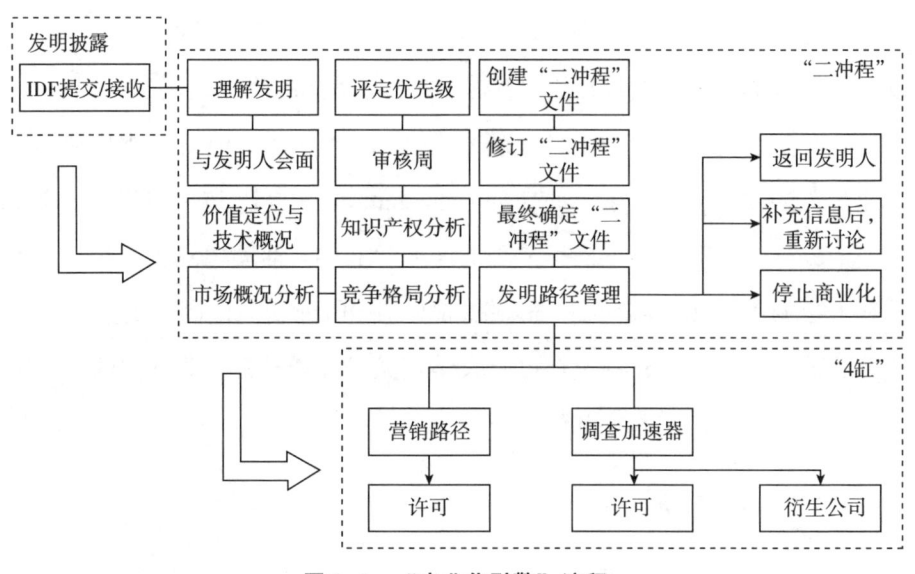

图 2-2　"商业化引擎"流程

为实现促进技术发明商业化的目标，犹他大学的"商业化引擎"项目包括深入理解发明、发现发明价值、确定发明市场匹配、根据潜在客户反馈采取行动、保护知识产权、明确里程碑目标以及执行加速计划等一系列流程。其中的关键活动可归纳为价值分析、路径管理、价值增值和阶段审查四项活动。

1. 价值分析

所谓价值分析，就是在深入理解发明的基础上，完成对技术发明的全面分析，包括价值定位、技术概况、市场概况、竞争格局和知识产权等。价值分析是推进发明商业化的基础。价值分析的结果将为确定发明商业化推进的优先级和路径选择提供参考依据。价值分析活动主要在"二冲程"阶段完成，共包括11项程序，通常在11周内完成，每周都有明确的目标任务需要完成。这11项程序包括：

（1）理解发明。TVC初步了解发明披露、安排与发明人的会面、制定深入理解发明的问题清单。

（2）与发明人会面。借助问题清单，更深入地理解发明；了解发明人对技术的愿景，以及发明人愿意投入多少时间来帮助发明的商业化。

（3）价值定位与技术概况。明确发明的价值定位，并对技术进行通俗概述。根据"推翻"（Throwdown）会上的反馈意见，优化发明的价值定位与技术概况。

（4）市场概况分析。利用先进的商业市场工具对发明进行深入的市场分析。确定发明的主要市场是什么，市场规模有多大，以及市场的发展趋势如何。根据"推翻"会上的反馈意见，完善市场概况分析。

（5）竞争格局分析。深入分析发明的竞争格局。分析中需列出十个竞争对手，每个竞争对手占有多少市场份额以及他们的产品特点。通过比较竞争对手产品的特点与发明的特点，确定发明潜在竞争对手没有的新颖元素。根据"推翻"会上的反馈意见，完善竞争格局分析。

（6）知识产权分析。对发明进行现有技术调查和知识产权分析。

（7）"审核周"。审查精炼过的发明价值定位、技术概况、市场概况、竞争格局分析和现有技术/知识产权分析。

（8）评定优先级。确定发明的初始优先级，包括高、中、低优先级。

(9)创建"二冲程"文件。整合最终版本的发明价值定位、技术概况、市场概况、竞争格局分析和现有技术/知识产权分析,形成一份"二冲程"文件,并将其发送给经济发展(Economy Development)小组,供审查和修订。

(10)修订"二冲程"文件。经济发展小组将修改后的文件发给TVC。TVC对其进行审查、提出意见、添加元素,并可能要求修订。

(11)最终确定"二冲程"文件。

2. 路径管理

路径管理就是要为发明的商业化确定合适的推进路径,是"二冲程"阶段的最后一项程序。发明路径管理主要是根据前期发明价值分析结果,开会讨论发明将按照哪条路径继续推进。"二冲程"阶段结束后,发明的商业化推进将面临以下两种情况:

(1)暂缓或停止商业化。此时的发明将有三种路径选择:①被返回给发明人;②被留在TVC,6个月内获取更多信息后再重新讨论;③TVC和发明人都决定停止商业化。

(2)进入"4缸"阶段,进一步推进商业化。此时的发明有两种推进路径选择:①营销路径(Marketing Path);②调查加速器(Search Accelerator)路径。如果发明特别明确地指向某公司现有的技术组合,或与其高度互补,那么该发明的商业化将会按营销路径推进。每一项进入营销路径的发明都有一份写好的非机密摘要(Non-Confidential Summary,NCS)。这份摘要随后将会被修订并被推介给至少50个潜在的被许可人。如果发明人或实验室的投入程度、学校的潜在投资回收率、商业化团队指导者的经验和知识水平,以及发明创建商业产品平台的潜力等情况都较理想,那么该发明可能会进入调查加速器路径,被进一步开发和改良。发明人的投入程度、潜在投资回收率、商业化导师的投入程度、平台技术潜力越高,技术进入调查加速器的优先级也会越高。一般来说,同一时间进入加速器的发明只能有10项,而同一年内,则不能超过50项。

3. 价值增值

价值增值活动主要是通过"4缸"阶段中的加速器实现的。加速器是一项为期10周的降低风险、增加价值的项目。加速器通过商业指导、产品开发和测试等,为发明设计一个可拓展、可重复的商业模式,进而为投资人投资做好准备,并最终将技术许可出去或转移到执行加速器。这一目标主要通过组建团队、检验假设、明确并实现里程碑目标等一系列行为活动来实现。

(1)组建团队。组建发明商业化团队必须在发明进入加速器之前完成。团队成员需要一名梦想者(Visionary)、两名分析师和两名外部导师。此外,对于一些需要完成技术任务的团队,还需安排工程师/设计师,负责软件编码、网站开发或3D建模等。其中,梦想者负责决定技术及其相关研究的方向。通过提出关键问题,如"如果我对技术进行这样的修改呢?"或"如果我提供这个功能呢?"技术发明将被引向成为有市场价值的产品。梦想者必须承诺每周在技术发明商业化相关工作中投入3~6个小时。分析师负责实验测试和数据整理分析。分析师需要每周通过电话联系访问对象来测试假设,并将整理后的访问对象信息、访问摘要和电话录音添加到数据库。每位分析师都必须承诺每周工作10个小时。外部指导人员负责指导实验设计,包括选择测试假设、编制测试问题,每位导师必须每周工作2~4个小时。

(2)检验假设。因为进入加速器的技术都处于早期阶段,大多只包含假设,为降低风险,团队组建之后,团队成员将会碰面商议拟定初步的商业模式草稿,选择五个关键假设进行测试。在加速器中,发明商业化团队会每周测试一个新的关键假设。检验假设具体包括三个步骤:第一,基于五个关键假设设计每周的实验。通常会由指导人员决定团队将在哪周测试哪个假设。第二,测试本周的实验。团队通过访问技术市场上的10个人来进行假设检验，访问对象可能是潜在客户、供应商、销售渠道人员、竞争对手、开发人员、保险主管或政府监管机构等。通常，团队的指导人员将根据技术发明的发展阶段，访谈对象。第三，实验结果讨论。发明商业化团队每周会讨论本周实验的结果，并根据反馈调整假设甚至商业模式。

（3）明确并实现里程碑目标。一些已具有可拓展复制的商业模式但仍不能为许可做好准备的发明，例如，通常需要多年开发的药品，将被转移至执行加速器。在此阶段，商业化团队将为发明明确一系列渐进的里程碑，并帮助技术团队实现目标。这些里程碑可能包括但不限于：原型开发、市场研究/市场验证、试点项目、数据生成/收集、软件开发、销售或知识产权等相关目标。在执行加速器结束时，发明将得到充分开发并成为一项独立业务。

4. 阶段审查

无论是在"二冲程"阶段还是在"4缸"阶段，为推动价值分析、路径管理、价值增值等关键活动的顺利进行，TVC每周都会组织"推翻"（Throwdown）会议，对发明商业化的价值创造进程进行实时监控。"推翻"会议上，每个团队都将对所负责的发明商业化相关活动进展进行汇报，接受其他团队的批判，同时也对其他团队的工作进行批判。"推翻"会议上收到的反馈将引导团队转向更有价值的方向。阶段审查环节可以帮助负责发明商业化的团队及时发现和解决商业化推进过程中出现的问题，纠正可能出现的偏颇，降低潜在风险。

（三）伙伴关系

专利商业化是一项复杂烦琐的活动，需要学校发明人、技术转移专业人员、企业等多方协作才能完成。因此，建立良好的伙伴关系，对于高校专利商业化意义重大。案例高校中，宾夕法尼亚大学非常重视与工业界合作，例如与诺华制药公司在位于校园内的诺华宾夕法尼亚大学先进细胞治疗中心（Novartis Penn Center for Advanced Cellular Therapeutics）联合开展癌症治疗；斯坦福大学的 OTL 也强调其理念是"……与我们的发明人和被许可人保持良好的关系，这是我们成功的关键"[①]，为此，斯坦福大学的 OTL 自成立以来，将近 1/3 的收入给了学校发明人。

犹他大学也通过"商业化引擎"项目，尽可能地吸纳相关主体有效地参与到发明商业化过程中，与社区成员和市场中的潜在利益相关者建立了互利的伙伴关系。首先，与社区成员的合作关系。通过组建 CEC，犹他大学与相关社区成员建立起亲密的合作关系。这些社区成员包括来自学校外界的具备投资一个或多个商业化机会能力的投资者/资金经理，那些寻求领导业务拓展的个人或潜在的创业经理，以及科技、资金、产品开发、市场/产业等领域的专家。一方面，社区成员将帮助犹他大学 TVC 进行商业化项目审查，并为项目推进提供指导，包括明确里程碑、科学技术审查和反馈、市场反馈和验证、优化商业模式的建议等；另一方面，犹他大学 TVC 将为社区成员优先提供犹他大学新兴技术的相关信息，以及实质性地参与发明商业化的机会，从而实现其引导公司战略、寻求投资机会等目标。其次，与市场中潜在利益相关者的互利关系。"商业化引擎"程序的设计，使得犹他大学与市场中潜在的利益相关者能够建立联系，甚至发展为合作互利的伙伴关系。一方面，潜在客户、供应商、竞争对手等外部潜在利益相关者为发明商业化团队测试关键假设、完善商业模式提供反馈意见；另一方面，在此过程中，他们也有可能获得发明许可或投资机会。

（四）资源能力

资源基础观指出，企业是不同资源的集合体，企业资源是其独特能力

[①] 资料来源：Change Stanford University Office of Technology Licensing Annual Report 2014/15, https://otl.stanford.edu/documents/otlar15.pdf.

形成的基础，资源和能力构成了企业竞争优势的根本来源。可以说，资源和能力是价值创造的决定性因素之一。高校专利商业化更是离不开专利资源、人力资源、资金资源和信息资源的支持。下文以犹他大学为例，对高校专利商业化的核心资源和关键能力进行具体分析。

1. 核心资源

首先，犹他大学的专利资源主要都是学校发明人创造的。作为研究型高校，犹他大学及其医学中心和医院、亨斯迈癌症研究所和 ARUP 实验室具有较强的技术创新能力，能够创造丰富的知识资产。通过"商业化引擎"程序，犹他大学所有的技术发明都通过学校 TVC 披露，使得犹他大学可以对其所拥有的知识资产实行集中管理。

其次，犹他大学专利商业化的人力资源主要包括内部人才和外部专家。一方面，犹他大学通过组建 TVC，招募了许可、商业拓展和法律事务等方面的人才，担任商业和技术开发经理（Business and Technology Development Manager，BTDM）、分析师等职务，成为发明商业化团队的核心成员。另一方面，犹他大学通过组建 CEC，吸纳了包括社会上的投资人、企业家、专业领域专家等人才，担任发明商业化的外部导师等，为发明商业化提供咨询服务。同时，CEC 成员不但自身会参与发明商业化，还可能推荐更多相关人才参与到发明商业化中。可以说，CEC 是犹他大学一项显著而独特的资产。

再次，犹他大学专利商业化的资金资源主要包括固定资金和机会资金。固定资金指由犹他大学建立的商业化引擎基金。该基金会根据发明商业化的进程需求提供不同的资金支持，包括原型开发、市场研究、软件开发等。一项技术可以获得多次的引擎资金，但是在后续资金获取之前，所有之前被资助的目标任务都必须完成或计算在内。机会资金指来自 CEC 成员及其关系网络以及市场中潜在客户及其关系网络的资金支持。在这些与犹他大学 TVC 建立伙伴关系的个人及其网络中，很有可能某个投资人在了解了技术发明后愿意为该技术的进一步开发、成立衍生公司提供资金支持。

最后,犹他大学专利商业化的信息资源,包括市场信息、商业知识、技术知识、知识产权信息等,除了来自学校发明人、TVC工作人员和CEC成员,也来自对市场中的潜在客户、供应商、销售渠道人员、竞争对手、保险主管或政府监管机构等的调查访问。而通常,这些访问对象是由CEC成员推荐的。

2. 关键能力

就能力而言,仔细分析那些描述TVC关键行为的表述,本书归纳出犹他大学在专利商业化中的两种关键能力,即风险管控能力和价值活动控制能力。首先,通过为发明商业化评定优先级,实行商业化路径分类管理,以及反复验证商业化假设等,犹他大学有效降低了发明商业化的风险。其次,通过每周的阶段审查,犹他大学实现了对价值分析、路径管理、价值增值等各个关键价值活动的监控,确保发明商业化推进方向和进程的科学性、合理性。可以说,犹他大学的风险管控能力和价值活动控制能力在专利商业化的关键活动中得到了充分体现。

三、高校专利商业化实践中的市场导向

上文在对案例高校专利商业化价值创造基本要素的分析中已经阐述了资源能力、伙伴关系、流程活动、组织结构四个要素能够阐释高校是如何实现专利商业化价值创造的。作为专利商业化的一项重要资源,市场信息的获取和传递是如何实现的,主要体现在伙伴关系建立、流程活动的设计中。

(一) 伙伴关系建立中的市场导向

资源能力是高校专利商业化价值创造的基础,是高校决定采取何种方

式进行专利商业化的依据。虽然高校在专利资源方面具有较大优势，但相较于企业等其他市场主体，高校在市场信息、运营资金等方面的资源明显不足。市场信息等资源的缺乏是阻碍专利商业化的主要原因之一。通过上述案例分析发现，各高校都成立了专门的技术转移机构负责专利商业化，并通过该专业机构与发明人、企业等专利商业化的重要参与主体建立良好的伙伴关系，有效地增强了高校专利商业化互补性资源的获取。特别是通过与产业界建立起合作网络，有利于高校获取市场信息，并增强高校专利技术的市场适应性，从而促进专利商业化价值创造的实现。

如图 2-3 所示，以犹他大学为例，在犹他大学内部，学校 TVC 为发明人提供资金支持、咨询服务等，在与发明人的接触中，促进发明人对市场信息的认识和理解。在犹他大学外部，为了更好地获取市场信息，降低专利运营风险，促进学校专利成功实现商业化，犹他大学不仅在专利商业化过程中加强与潜在客户的联络和沟通，重视市场主体对专利技术的需求反馈，更是通过组建 CEC，加强了与企业家、投资人之间的组织联系。来自学校社区的 CEC 成员是犹他大学专利运营价值网络中的重要参与者，主要包括犹他大学所在地区的投资人、企业家及各领域专家等。这些成员不仅自身了解市场需求，担任导师、顾问等角色为犹他大学的专利商业化提供咨询服务，还会通过个人的社交网络推荐市场中其他的相关主体，包括潜在客户、供应商、销售渠道组织或个人等，参与到犹他大学专利运营活动中，为学校进行专利运营带来市场信息、投资资金、市场渠道等资源。可以说，CEC 是犹他大学有效获取市场信息、促进专利商业化的一项关键性资产。

此外，合作关系的维系从来都在于双方的互利。在专利商业化过程中，之所以 TVC 能够与企业家、投资人、潜在客户等市场主体维持良好的伙伴关系，其原因不仅在于 TVC 重视这些参与者能够为其带来的市场信息等价值，更在于 TVC 可以为它们提供专利技术、专利信息、专利权

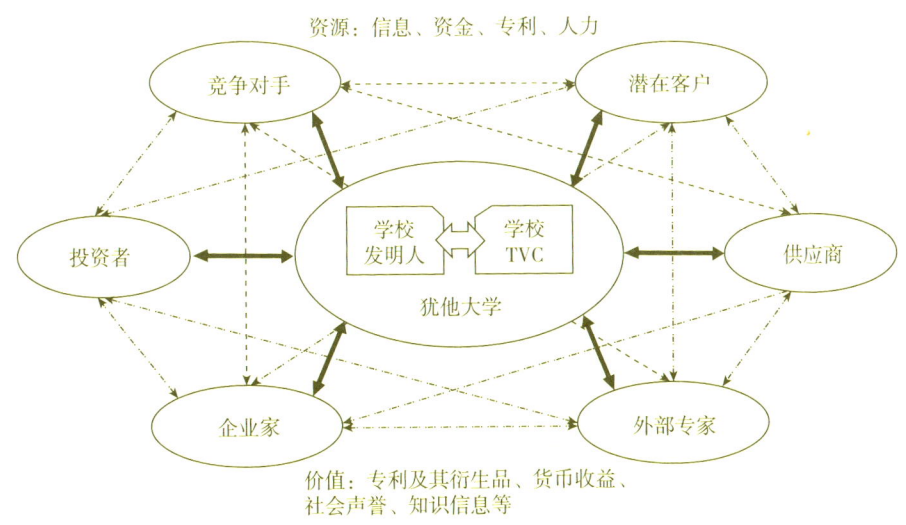

图 2-3 犹他大学专利商业化伙伴关系

利、专利技术衍生品、现金收益等价值。

(二) 流程活动设计中的市场导向

完善的程序是目标实现的可靠保障。即便建立了与市场主体之间的合作关系，如何促进市场主体之间的有效互动，促进资源合理配置，完成价值创造，还需要通过一系列流程活动来实现。犹他大学通过"商业化引擎"流程的设计实现了对资源的有效整合和利用。一是犹他大学根据技术发明价值分析的结果，对发明商业化路径进行分类管理，使得有限的资源可以集中在更具有商业化价值的发明上。二是在价值增值活动中，犹他大学重视组建具有多元化知识背景的专业团队，特别是包括具有丰富商业知识、熟悉市场环境的商业和技术开发经理 BTDM 和外部导师，建立了价值网络参与者有效参与专利商业化的工作机制，促使 CEC 成员以及潜在客户、供应商等市场主体能够有效地参与到发明商业化中；同时，通过明确并实现里程碑任务，犹他大学可以实现对资金资源分配和利用的管理，并有效控制价值创造活动。三是在阶段审查中，每周的"推翻"会议、调查加速器中的假设检验等流程活动，使得投资人、企业家、外部专家、潜在客户、供应商等价值网络主体能够有效参与到专利商业化中，进而促使专利商业化团队及时获取市场反馈、了解客户需求。

（三）案例启示

通过以上案例研究，特别是针对犹他大学的具体分析，可以看到，"商业化引擎"项目流程和关键活动充分展现了犹他大学专利商业化价值创造的过程，这些流程活动设计的目标是实现价值创造，包括最大化专利的自身价值，利用专利辅助实现组织价值以及实现潜在价值。伙伴关系体现了犹他大学专利商业化的参与者及其之间的价值关联；这些参与者主要包括学校发明人、社区成员和市场潜在利益相关者，是犹他大学专利商业化资源的重要来源，也是犹他大学发明商业化的主要营销渠道。在犹他大学专利商业化的流程活动设计和伙伴关系建立中，充分体现了对市场信息获取和流通的重视。以上研究对高校专利商业化实践具有如下启示：

第一，加强合作关系网络建立与维护。高校与企业沟通不足一直是困扰中国高校专利运营的难题之一。借鉴犹他大学组建CEC、构建专利运营价值网络的成功经验，中国高校应当考虑充分发挥学会、研究会等社会团体的优势，形成以满足客户需求为中心的专利运营价值网络，在促进高校与企业、资本等地方资源深度融合的同时，弥补高校专利市场适应性的不足，从而有效促进早期技术发现转化为改变生活和生产的实际应用。

第二，专利筛选和分级管理是高校专利商业化必不可少的前期环节。受制度性因素影响，中国高校专利申请常常存在完成考核、获取补贴等非商业化申请动机，进而形成大量并非以市场为导向的专利。这些专利常常不能满足市场需求，因此，中国高校需注重对专利质量的管理，并通过专利筛选和分级管理提高专利商业化效率。

第三，高校需要成立或委托专门机构并由专业人员负责专利运营。国外高校专利商业化的成功离不开 TVC、OTL 等部门专业的组织协调和专业化的服务。目前，中国多数高校的专利运营机制尚不完善。组建专业化的团队，特别是了解技术信息、掌握商业知识、熟悉市场环境的专业人员，来进行商业化前期分析和商业化方案制定与验证，有利于实现及时把握专利运营的进程和方向，降低商业化风险，进而有效提升专利运营的效率。因此，成立或委托专门机构、聘请专业人员，是中国高校促进专利运营的基础保障。

第三章

高校专利商业化战略形成的结构要素与驱动要素

第一节 扎根理论研究方法的使用

扎根理论是由格拉泽和施特劳斯提出的一种从资料中建立理论的特殊方法,即源于质性资料分析的理论构建。扎根理论弥补了实证研究和理论建构之间的差距,提供了质性研究过程中的具体研究策略和分析程序。

扎根理论分析方法的一般流程如图3-1所示,主要包括准备和探索、深入访问及理论抽样以及资料分析和理论发展三个阶段。

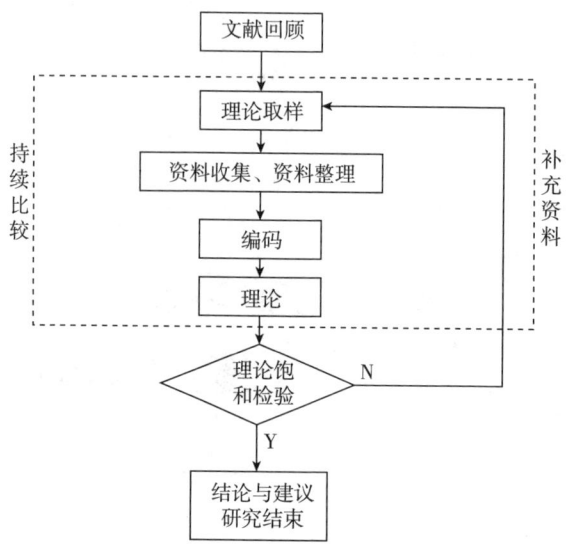

图 3-1 扎根理论研究流程

一、准备和探索阶段

"战略"一词最初是在军事行动中创造出来的,用来区分指挥战争和指挥个人战斗的艺术。有关战略的第一本书是公元前约 400 年中国的《孙子兵法》,后许多思想家对战略理论进行了完善,特别是在拿破仑战争之后,"战略"一词的使用扩展到非军事领域。第二次世界大战后,战略的概念逐渐在企业部门发展起来,战略形成的研究也大都基于此。战略形成是战略管理学研究中不可忽视的重要研究领域。

明兹伯格在其 *Strategy Safari* 一书中总结了战略形成的 10 个学派(见表 3-1),并将它们分成了两大类,即说明性流派和描述性流派。其中,说明性流派崇尚组织应该遵循的理想或优先的战略过程,包括设计学派、规划学派和定位学派;描述性流派侧重于研究实际的战略的开发过程,包括创业学派、认知学派、学习型学派、权利学派、文化学派、环境学派和结构学派。

表 3-1　战略形成理论学派

学派	解释	重要知识信息
设计学派	战略形成是一个概念的过程；战略是一种独特的计划视角，是由高层领导在对外部和内部因素的特别分析的基础上构想出来的	捕获内部和外部因素
规划学派	战略形成是一个正式的过程，战略是由正式计划程序产生的计划	系统和严格地分析替代方案、成本和效益、资源、实施措施的一致性等
定位学派	战略形成是一个分析过程；战略是计划的一般定位，但同时也要击败竞争对手；定位是基于对市场和行业结构的详细分析；高度集成的企业活动系统的支持重点放在所选的定位	确保战略目标的分析有效性
创业学派	战略形成是一个有远见的过程；战略是个人视角，有远见的领导者在很大程度上直观地构思并在必要时进行调整	与领导沟通……
认知学派	战略形成是一个心理过程；策略是反映领导者思想中"构建的现实"的心理视角	使用正确的认知工具……
学习型学派	战略形成是一个新兴的过程；战略是一种独特的模式，它是领导者和组织中的其他人不断学习的结果	分析内部和外部的利益相关者
权利学派	战略形成是谈判的过程；战略是政治模式和立场以及策略；微力学派强调内部政治是战略的基础。宏观力量学派认为战略是谈判的立场，也是战胜竞争对手的策略	通过把新知识和人们已经知道的联系起来，来刺激学习
文化学派	战略形成是一个集体的过程；战略是反映主导意识形态、集体认知地图和叙事的集体视角	确保广泛和充分的交流，集体叙事整合
环境学派	战略形成是一个反应过程；战略是由于组织不断变化和不可控制的外部环境而发展起来的具体定位（生态位）	培养适应性反应系统，包括后续跟进
结构学派	战略形成是一个转变的过程，战略可以由不同的过程组成，这取决于内部和外部环境（或组织演进的阶段）	培养适应性反应系统，包括后续跟进

资料来源：Mintzberg 等（2005）①。

---

① Mintzberg, Henry, Ahlstrand, Bruce W, Lampel, Joseph. Strategy Safari: A Guided Tour Through the Wilds of Strategic Management [M]. New York: Free Press, 2005.

在规划学派中,战略制定主要被看作是制定目标、分析替代方案和实施战略的一套正式程序。定位学派将重点从正式的规划程序转移到经济的分析,以确保目标和组织的活动之间的契合。在战略咨询的实践中,这两种分析都已变得高度形式化和标准化,因此也使许多组织的战略制定过程形式化。在剩下的学派中,战略形成被看作是一个独特而具体的过程,而不是一个标准和正式的过程。环境学派表明,在任何时候都可以做出战略决策,而不仅是在正式规定的情况下。这些决定反映了独特的管理见解和愿景(创业学派)、权力平衡、谈判和机动(权力学派)或外部环境的变化(环境学派)。其他学派强调,决策源于认知(认知学派)或学习过程(学习学派)或组织文化(文化学派)。综上所述,一项有效的战略应在行动开始前制定的计划中正式提出,并要求包括最高管理人员在内的整个组织的承诺严格执行;这一战略应在彻底分析、比较替代方案、明确战略目标和分解成具体可衡量的目标、指标的基础上形成;组织内的所有战略的目标都应该是一致的,并计划好实施措施。

"关于战略形成框架的研究有三个具有划时代意义的学派,分别是 Ansoff 基于管理顾问视角的经典学派、Porter 基于产业视角的定位学派以及 Prahalad 基于企业历史视角的能力学派[①]。"对比三种理论,本书采用 Ansoff 建立的战略形成框架,并进行战略形成的结构要素的分析。基于高校专利商业化战略形成结构要素的分析结果,形成访谈纲要,并根据研究的需要,在访谈过程中先对访谈对象的工作经历及其所在高校专利情况展开了调查。

二、深入访问及理论抽样阶段

本书选取来自 7 所高校的 28 位科技管理工作人员以及科研人员作为访

---

① 徐全军,杨小科. 战略理论演绎下的战略框架:直面战略困境的思考 [J]. 天津大学学报(社会科学版),2015(2):103-108.

谈对象。访谈对象选择标准为：①所在高校拥有出色的科研团队；②所在高校拥有较丰富的专利储备；③所在高校配备了专利商业化相关人员；④具备至少1年以上的科技管理或者技术研发经验；⑤对高校技术研发、专利商业化流程较为熟悉。访谈对象中，从事科技管理的人员19名，占比68%；从事技术创新的科研人员9名，占比32%。依照访谈提纲与受访对象进行当面访谈，每人每次访谈的时间为30~120分钟，从而获得了第一手资料。

三、资料分析和理论发展阶段

开放式编码、主轴编码与选择性编码是扎根理论分析方法中进行资料分析和理论发展的三个经典程序。笔者在获得的28份一手资料中随机选择24份进行编码分析。

（一）开放式编码

开放式编码主要是对原始资料进行分析整理，为可以识别的现象贴上标签或者初始符码，在聚集相关标签的基础上形成概念[1]。在开放式编码阶段，笔者通过对事先整理成文字材料的访谈录音进行初步梳理，摘录并编码涉及高校专利商业化战略形成驱动因素的内容。在此阶段，为防止个人偏见对编码过程产生影响，遵循尽量使用被访问者的原话的原则，一共得到430条原始语句，形成初始概念。运用Nvivo11对所得到的430个节点进行了聚类分析。通过聚类分析快速将所得到的初始概念进行归纳以便于进行概念的比较分析。由于软件的局限性，在所得的聚类分析表后还需要进行不断比较分析才能得到比较合理的范畴。

由于初始概念层次低、数量多且存在交叉的特性，需要在此基础上进

---

[1] 秦旋，李正焜，莫懿懿. 基于深度访谈扎根分析的绿色建筑项目脆弱性与风险关系机理研究[J]. 土木工程学报，2016，49（8）：120-132.

行比较分析，并将发现的与编码过的事件在概念上的相似的事件赋予相同的概念标签，放到同一个编码下面。每一个新的在某一编码下被编码的事件都通过阐述和引入变化形式增加了该编码的一般属性和维度。

（二）主轴编码

主轴编码是在开放式编码的基础上进行的二级编码，旨在挖掘开放式编码形成的范畴之间的潜在逻辑关系，并对范畴进行整理归类。主轴编码过程中需要研究者对每个范畴进行分析挖掘，并最终对不同范畴进行归类。笔者遵循"条件—行动—结果"三部曲的主范畴形成的典范模式进一步归纳出3个核心范畴。

（三）选择性编码

选择性编码是一个对主要范畴进行精炼和归类的过程。选择性编码过程中需通过反复比较分析提炼出核心范畴，并且对核心范畴和其他范畴之间的关系进行分析，从而将范畴连接起来，总结出一个新的理论架构。通过对形成的主范畴及其之间的关系进行分析，总结出高校专利商业化战略形成的理论架构。

四、理论饱和度的检验

汤志伟等（2016）通过对理论饱和的观点认识和经验总结，认为检验者应带着"在数据内部和类属之间进行了怎样的比较？""这些比较是如何解释类属的？""有没有其他的方向？如果有，会产生怎样的新的概念关系"这样三个问题进行理论饱和度检验[①]。在此方法的指导下，笔者

---

① 汤志伟,龚泽鹏,韩啸. 基于扎根理论的政府网站公众持续使用意向研究[J]. 情报杂志, 2016, 35 (5): 180-187.

利用资料分析阶段未采用的剩余 4 份一手资料，依次进行开放式编码、主轴编码和选择性编码，进行理论饱和度的检验，并没有产生新的范畴和新的关系，说明理论饱和度较好。

第二节 战略形成的结构要素

根据前文对战略形成理论的分析，战略形成可以分为两种，即规定理想的战略应如何形成以及描述实际战略是如何形成的。本章要阐述的高校专利商业化战略形成的结构要素是在实际战略形成过程中高校如何在复杂的环境中根据自身现状来形成战略，即高校专利商业化战略的形成过程，如图 3-2 所示。

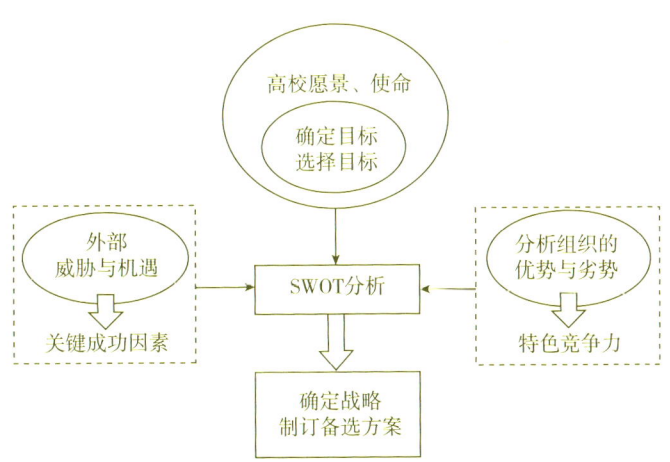

图 3-2 高校专利商业化战略形成过程

高校专利商业化战略是高校管理者依据高校整体的发展定位对专利商

业化活动的目标、任务等内容进行规划。也就是说，首先，高校应有明确的专利商业化战略目标，而这个目标应与高校整体的愿景和使命相一致。其次，高校专利商业化战略一定是基于对内、外环境的仔细评估后而形成的。通过分析外部的威胁与机遇寻得战略的关键成功因素；通过分析组织内部的优势与劣势总结出高校本身的特色竞争力，在这一分析过程中常常会使用 SWOT 分析法对环境及目标进行综合分析。同时，应注意的是，战略并不是一成不变的，战略形成的方式方法也不是一成不变的。正如学习型战略形成流派所表明的：战略形成是一个新兴的过程，是领导者和组织中的其他人不断学习的结果。

基于对高校专利战略形成过程的分析，本章提出高校专利商业化战略形成结构框架及要素，如图 3-3 所示。具体而言，高校专利商业化战略形成包括目标确定、外部分析、内部分析以及战略选择 4 个维度，包含 10 个子要素。

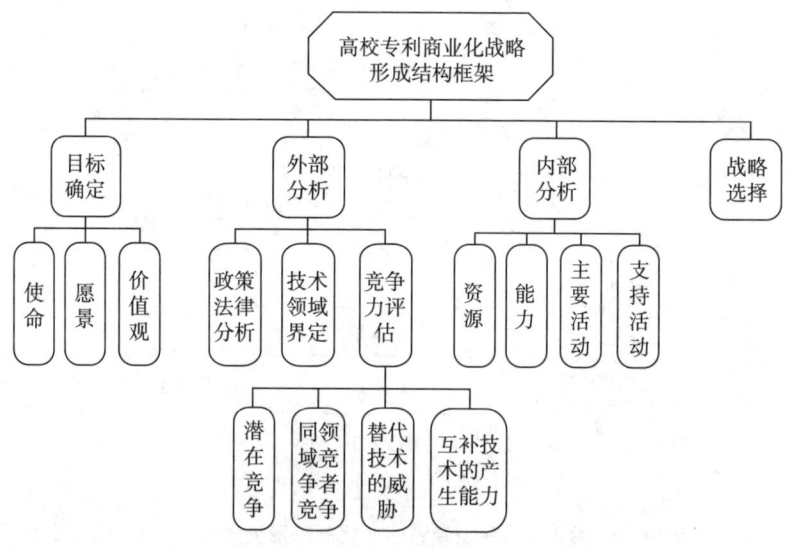

图 3-3　高校专利商业化战略形成框架及要素

一、目标确定

目标确定是战略形成的首要前提。目标不仅是战略制定的出发点，也为战略执行过程提供了控制依据。战略目标包括三个要素，即使命、愿景和价值观。使命是指高校在专利商业化中应尽的责任，一般来说，高校管理者可通过解答"专利商业化活动中的主体和客体是什么？""商业化活动中主体的需求是什么？"以及"商业化活动中主体的需求如何被满足？"等问题来明确使命。愿景则是高校对开展专利商业化这一行为的长期愿望及未来状况的设想，是专利商业化的发展方向及战略定位的体现。价值观表明的是高校在专利商业化过程中的价值取向，是组织文化的基础。高校专利商业化战略目标的形成应基于高校的总体战略，并与高校整体战略相互促进。

二、外部分析

外部分析是高校专利商业化战略形成不可或缺的一个步骤。通过对外部环境的分析，高校管理者可识别高校专利商业化所面临的机遇和威胁，为战略方案的制定与选择奠定基础。外部分析包括政策法律分析、技术领域界定、竞争力评估三个要素。首先，政策和法律会对高校管理层决策产生显著的影响，只有遵守法律约束、紧随政策指导而行动，才能保证组织行动大方向的正确。其次，技术领域界定是为了识别出高校专利竞争所处的技术领域，从而对专利所适用的市场有一定了解。最后，竞争力评估又包括了潜在竞争、同领域竞争者竞争、替代技术的威胁以及互补技术的产生能力四个要素。潜在竞争指的是与那些有着相似技术领域但产生的专利成果尚未构成威胁的创新主体之间的竞争。同领域竞争者竞争指的是与那些有着相同技术领域的创新主体之间的竞争。替代技术的威胁指的是那些可以满足同一市场需求的不同专利技术对高校专利商业化的威胁。互补技术的产生能力对专利商业化的影响指的是互补的专利技术的缺失某种程度上对专利商业化的抑制。

三、内部分析

高校专利商业化战略形成中对高校内部的分析也同样重要。内部分析主要包括对专利商业化活动所需资源和能力的分析，以及对专利商业化所涉及的主要活动和支持活动的分析。其中，资源是指高校的资产，包括有形资产（实验室、实验设备、资金等）和无形资产（高校声誉、管理者经验以及专利等）。能力则是指包括协调相关资源用于高校专利商业化的技能以及把控专利商业化行为，降低风险、提升效率的技能。技能存在于有关活动的规章制度、日常事务和流程中。主要活动指的是为实现专利商业化而必须完成的一系列活动，包括科学研究、专利申请、专利交易等。支持活动是为了确保主要活动的顺利完成而进行的一系列活动，例如，专利商业化专业人员聘任等人事活动。通过对内部环境的分析，高校可找出自身的特色竞争力；这是高校管理者做出专利商业化战略选择不可或缺的信息。

四、战略选择

在明确目标并完成内、外部分析的基础上，高校可能形成不止一种高校专利商业化战略方案，此时，对战略的最终确定即是战略选择。高校管理者对战略目标及内、外部分析结果的把握和理解，对战略选择有着重要影响。

第三节
战略形成的驱动要素

基于高校专利商业化战略形成的结构要素的分析结果，利用扎根理论研究方法，本书确定了高校专利商业化战略形成的驱动要素，主要包括战略目标、商业化环境和商业化能力3个主范畴，并基于选择式编码的结果，最终建立了高校专利商业化战略形成驱动要素模型，如图3-4所示。

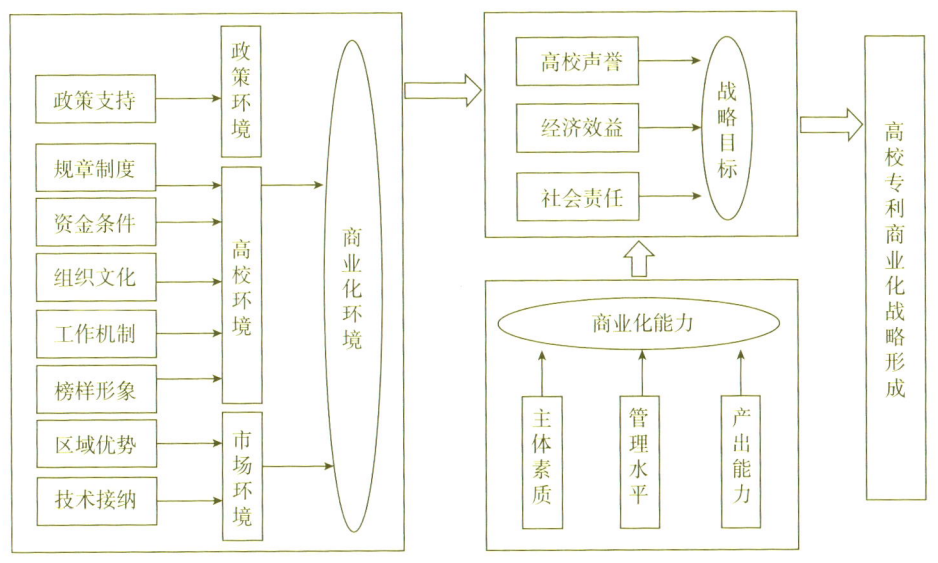

图3-4 高校专利商业化战略形成驱动要素模型

一、战略目标

战略的内涵及其形成过程并非过度简单或复杂，战略是计划与模式的有机结合，其形成过程则是思维（决策）与行动的有机整合体，而战略目标直接决定着作为计划前提的战略目标，决定着计划的方向。不少被访谈对象表示提升高校自身的声誉和影响力、获取一定的经济回报以及更好地服务地方经济产业发展等价值目标促进了高校专利商业化战略的形成，例如：

受访者05：专利商业化会给学校带来利益回报。

受访者06：开展知识产权工作是为了助推高校"双一流"建设工程。

受访者12：专利数量多多少少能够体现我校的自主创新能力。

受访者21：研发团队有服务社会的追求，……同时，研发团队不能太追求钱，且不能眼红企业挣了钱，因为那是企业所擅长的，自办企业有可能不能挣钱。

受访者22：建立高价值专利培育示范中心，积极搭建相关产业技术领域专利池，是为了服务地方经济产业发展。

二、商业化环境

高校对于专利商业化的态度及其制定实施相关战略的行为，不可避免地受到内、外部环境的影响，包括政策环境、市场环境、高校环境。首先，政策环境主要是指国家和地方政府制定的相关政策对高校专利商业化活动的政策导向和支持力度。如第一章所述，目前中国政府是高度重视高校专利商业化的，制定出台的一系列政策都对高校开展专利商业化活动起到重要的激励和支持作用。

受访者03：2016年，国家知识产权局给10个城市4000万元作为重点产业运营基金；2017年，国家知识产权局又给全国8个城市资金支持建设知识产权运营服务体系试点城市。

受访者24：政府要在政策、资金方面给予专利商业化一定程度的倾

第三章 高校专利商业化战略形成的结构要素与驱动要素

斜，推动专利商业化工作顺畅运行，推行成果转化配套政策。

其次，市场环境包括高校所在地区的区域发展优势、企业对高校所研发的新技术的接纳能力。其中，区域发展优势主要体现在其专利保护水平，以及服务、资金等专利商业化市场要素的完备程度等方面，例如：

受访者02：2015年国家局提出专利运营基金，省里起草经营方案，争取到重点营运基金，作为10个省份之一，国家知识产权局给4000万元（区域发展优势）。

受访者07：浦东成立了中国浦东知识产权保护中心，对高端装备制造业、医药产业，并且在浦东注册的企业，申请专利速度比"绿色通道"更快，当地的重点产业从申请到授权大概需要三个月到半年时间（区域发展优势）。

在访谈中，许多被访谈者也反映到，高校所在地强大的企业网络提高了大学技术的输出。而在参与企业研发活动的同时，高校在办学理念层面上也会协同创新，鼓励师生面向社会需求进行科研创新，形成创新、创业的文化氛围，从而极大促进了高校专利商业化战略的形成。

最后，高校环境主要包括高校内部的规章制度、资金条件、组织文化、工作机制以及其他高校的榜样力量。从以下的访谈资料中可以看到，高校是否已经围绕专利创造及商业化活动采取了激励措施、是否具备一定的资金条件、是否拥有浓厚的创新创业文化氛围、是否建立了能够有效支撑战略目标实现的工作机制，以及一些专利商业化绩效突出的高校在高校群体中的榜样作用，都会对高校专利商业化战略的形成产生影响。

受访者05：专利商业化前期学校提供一些设备场所、资金的支持（资金条件）。

受访者08：上海交大出台的相关政策规定，对于有些教授拿了职务发明出去办企业的，学校要求这些人做登记，学校无偿地把专利许可给他们，让他们继续办企业，等企业盈利了再把相关收益返还给高校，上海交大把这些合法化、明面化，解决了教师为社会服务的后顾之忧（榜样力量）。

受访者09：学校改进了专利激励机制，不断完善高校专利商业化激励政策（高校制度）。

受访者10：建立了专利申请、维持的审查评估机制（工作机制）。

受访者11：校内的分配是浮动的，课题组拿70%~80%，另外15%，谁出力谁受益，激励了发明人的积极性（高校制度）。

受访者15：学校鼓励创新，鼓励专利技术转化（组织文化）。

受访者17：学校制定了专利成果转化形成产业化的奖励（高校制度）。

受访者19：在和企业合作研发的过程中企业也给予了一定的支持（资金条件）。

受访者23：鼓励师生面向社会需求进行科研创新，形成创新、创业的文化氛围（组织文化）。

三、商业化能力

商业化能力作为高校专利商业化战略形成过程中内部分析的一项重要内容，是高校做出具体战略选择的基础。高校的商业化能力主要表现在学校的商业化活动管理水平、专利商业化活动参与者的主体素质以及高校的产出能力三个方面。其中，学校的商业化活动管理水平，高校制度、机制、流程设计的合理性，也包括人员培训等一系列管理行为；专利商业化活动参与者的主体素质主要是指学校的专利发明人及专利商业化工作人员的理解能力、协调沟通能力、学习能力等综合素质；高校的产出能力主要反映在高校的专利数量、质量，特别是能否满足市场需求等方面，也包括专利转让等活动的情况。

现有研究表明，拥有既定的技术转让管理制度和程序的大学在知识产权管理方面表现更好；技术转移办公室人员拥有丰富的经验都大大提高了高校技术转移的效率。此外，技术发明者对商业化的积极态度对高校专利商业化的推进有着重要的作用。在访谈中，有被访者反映，高校专利授权、专利转让数量的增长也驱动了高校专利商业化战略的形成。下面是一些反映高校商业化能力的例子：

受访者04：团队共有成员20余人……发表科技论文200多篇，多项研究成果获得了省、市科技奖，获批国家发明专利43项，共应用膜技术完成研究项目156项，66项研究成果已完成膜工程的工业化应用（主体素质）。

受访者14：学校对有关专利运营的一些制度、流程、重大事项的决策工作都予以了明确（管理水平）。

受访者16：原来学校的激励政策是职称评定、岗位考核，原来量比较少，鼓励量做大，不太关注质量，大概从2018年开始比较关注质量（产出能力）。

受访者13：随着专利的转移、转让数量的增加，进行专利产业化的积极性也会加大（产出能力）。

受访者04：技术本身能够达到市场需要，这里满足需要是指研发能力和市场需求的匹配，能力太强或太弱都不行，要实实在在契合企业实际要求（产出能力）。

四、驱动要素模型的进一步验证

根据前文扎根理论的研究结果，笔者得出结论：战略目标是高校专利商业化战略形成的直接驱动因素；商业化环境是高校专利商业化战略形成的间接因素，通过影响战略目标间接决定高校商业化战略的形成；商业化能力是高校专利商业化战略形成的间接因素，通过影响战略目标间接决定高校商业化战略的形成。为了进一步验证前文根据扎根理论得出的3个驱动要素对高校专利商业化战略形成的作用机制，笔者提出了如下3个研究假设，并采用结构方程模型研究方法进行假设验证：

H3.1：战略目标对商业化战略形成具有正向影响。

H3.2：商业化环境对战略目标具有正向影响，进而影响商业化战略形成。

H3.3：商业化能力对战略目标具有正向影响，进而影响商业化战略形成。

（一）结构方程模型分析方法的使用

结构方程模型是一种实证分析模型方法，可基于变量间内在的结构关系的确定来验证某种结构关系或模型的假设的合理性以及正确性；通常由两个基本模型（测量模型和结构模型）构成。测量模型由潜在变量与观察变量组成，反映的是潜在变量与观察变量的关系；而结构模型则表示潜在变量之间的关系。

1. 量表设计与数据收集

基于扎根理论分析得出的高校专利商业化战略形成驱动因素模型，结合相关研究的量表，设计测度题项。在问卷初稿形成后，基于与高校科技管理参与者以及相关科研人员进行的访谈，对问卷现有题项进行修改，提高现有问卷的可理解程度。具体量表如表3-2所示，包括战略目标（5个题项）、商业化环境（7个题项）、商业化能力（4个题项）、战略形成（4个题项）。基于此形成最终问卷。

借助访问高校科技管理工作者和科研人员，以及有关高校科研管理工作研讨会等时机展开问卷调查；同时，也通过电子邮件的方式对相关人员发放调查问卷。本次调查问卷共发放300份，回收问卷284份，剔除22份无效问卷，共获取有效问卷262份，有效问卷率为87.33%。

表 3-2　高校专利商业化战略形成驱动因素测量量表

变量		度量测度内涵	来源
战略目标	val1	高校重视社会声誉	唐明凤等（2014）扎根理论分析
	val2	高校追求经济收益	
	val3	高校重视满足市场需求	
	val4	高校重视提高自主创新能力	
	val5	高校追求满足社会发展需求	
商业化环境	env1	政府通过补贴奖励、宣传表彰等方式激励高校专利商业化	钱堃等（2016）、陈强等（2015）、饶凯等（2013）、Anderson T. R. 等（2007）、Casper S. 等（2013）扎根理论分析
	env2	高校完善专利商业化激励机制	
	env3	区域企业创新能力强、技术需求高	
	env4	高校鼓励校企合作	
	env5	高校可获取充足资金支持	
	env6	其他高校具有榜样作用	
	env7	高校专利商业化组织结构完善	
商业化能力	abi1	高校配有专利商业化专业人才	罗恺等（2013）、Caldera A. 等（2010）、Hsu D. W. L. 等（2015）扎根理论分析
	abi2	高校专利产出数量多、质量高	
	abi3	高校知识产权管理制度完善、专利商业化流程合理	
	abi4	高校科研团队业务能力强	
战略形成	for1	高校制定专利相关制度时重视市场因素	袁晓东等（2014）、濮雪莲（2014）扎根理论分析
	for2	高校有明确的专利商业化发展规划	
	for3	高校重视专利商业化愿景使命的调整	
	for4	高校关注专利商业化过程中的每项活动	

2. 样本检验

信度分析是对正式调研数据稳定性和一致性展开的检测。在信度分析过程中，Cronbach's α 系数越高，则表明问卷结果越稳定和可靠。该系数的参照标准并不完全统一，但总体上认为 Cronbach's α 值大于 0.7，表示量表具有较高信度；问项数目小于 6 个时，Cronbach's α 值应大于 0.6。对高校专利商业化战略形成驱动要素量表的信度分析结果显示：战略目标的 Cronbach's α 系数为 0.900，商业化环境的 Cronbach's α 系数为 0.925，商业化能力的 Cronbach's α 系数为 0.820，战略形成的 Cronbach's α 系数为 0.903；20 个测量项对总项的相关系数值也都大于 0.5。因此，满足检验条件，量表数据稳定性和一致性较高。

效度分析是为了分析量表所含题项在多大程度上反映了研究所要测量的概念。对变量进行 KMO 和 Bartlett 球形检验，在 KMO 值大于 0.7、Sig. 值小于 0.001 的基础上进行探索性因子分析。参照马庆国（2002）提出的因子分析标准，"一般认为 KMO 在 0.9 以上非常适合；0.8~0.9 很适合；0.7~0.8 适合；0.6~0.7 不太适合；0.6~0.5 很勉强，0.5 以下不适合。巴特利特球形检验的统计值显著性概率应小于等于显著性水平"。分析结果显示：战略目标的 KMO 和 Bartlett 球形检验的值分别为 0.824 和 0.000，测量题项因子载荷都大于 0.5，累计方差贡献率为 71.892%，表明战略目标量表具有较好的效度；商业化环境的 KMO 和 Bartlett 球形检验的值分别为 0.853 和 0.000，测量题项因子载荷都大于 0.5，累计方差贡献率为 69.151%，表明商业化环境量表具有较好的效度；商业化能力的 KMO 和 Bartlett 球形检验的值分别为 0.724 和 0.000，测量题项因子载荷都大于 0.5，累计方差贡献率为 64.982%，表明商业化能力量表具有较好的效度；战略形成的 KMO 和 Bartlett 球形检验的值分别为 0.724 和 0.000，测量题项因子载荷都大于 0.5，累计方差贡献率为 77.909%，表明战略形成量表具有较好的效度。

3. 描述性统计分析

基于筛选过的有效问卷，整理出样本基本情况统计表，如表 3-3 所示。从表中可以看出，本次调查样本中来自普通院校的占比最大，其中从事科技管理的人员最多，占比 77%。高校发展定位上本次调查的高校以教学研究性质为主。关于高校负责专利商业化的职能部门大都由科技处/科发院分管，只有 7.39% 的高校是由专门的专利管理机构负责的。对于本校专利商业化情况满意度的调查中满意以及非常满意的只有18%，较不满意和很不满意的占到了40%，还有42%的人则表示满意度一般。70%的被调查对象认为当前学校促进专利商业化环境亟须优化，87%的被调查对象认为有必要开展专利可行性审查。这些样本的基本情况在访谈过程中也有一定的体现，与访谈的结果是相符的。

4. 模型拟合与假设检验

对模型进行分析并对误差项进行优化修正后模型拟合情况如表3-4所示。模型整体拟合优度分析结果显示，卡方自由度比值为2.776<3.000，表示模型的适配度良好。再从其他适配度指标看，所有指标均达到适配标准，总体上模型拟合情况较佳，说明假设理论模型与实际数据之间契合较高，模型结果较有说服力。

表3-3 样本基本情况统计

属性	标准	样本分布（人）	占比（%）	属性	标准	样本分布（人）	占比（%）
高校类别	985院校	22	7.75	高校发展定位	研究型	59	20.86
	211院校	57	20.07		教学型	27	9.35
	普通院校	205	72.18		研究教学型	51	17.99
工作岗位	科研人员	20	7.04		教学研究型	102	35.97
	专职教师	2	0.70		应用型	39	13.67
	院系领导	5	1.76		其他	4	1.44
	科技管理人员	219	77.11		多选	2	0.72
	其他人员	4	1.41	专利转让收益合理方式	明确转让实施的具体收益金额	137	48.28
	双重岗位	34	11.97		明确转让实施的事后收益提成企业上年销售总额	147	51.72

续表

属性	标准	样本分布(人)	占比(%)	属性	标准	样本分布(人)	占比(%)
职能部门	科技处/科发院分管	246	86.62	专利技术展示交易平台	是	124	43.70
	专门的专利管理机构负责	21	7.39		否	160	56.30
	课题组/发明人管理	9	3.17	专门收集技术需求渠道	是	181	63.70
					否	103	36.30
	委托校外的机构进行管理	0	0	专利商业化环境需优化	是	198	69.63
					否	86	30.37
	两个及两个职能部门以上	7	2.46	积极深入企业了解其技术需求	是	267	94.07
					否	17	5.93

表 3-4 模型整体拟合优度分析

适配度检验指标	适配标准	一般标准	模型结果	结论
CMIN/DF	1~3	越小越好	2.776	符合
RMSEA	<0.08	<0.1	0.082	一般符合
RMR	<0.08	<0.1	0.045	符合
GFI	>0.90	>0.8	0.855	一般符合
CFI	>0.90	>0.8	0.953	符合
IFI	>0.90	>0.8	0.953	符合
PNFI	>0.50		0.811	符合

采用 AMOS 21.0 软件对样本数据进行分析,如图 3-5 所示,分析结果表明:战略目标对战略形成有显著的正向影响作用(Beta = 0.492,P<0.05),H3.1 得到验证,即战略目标正向影响高校专利商业化战略形成成立;商业化环境对战略目标有显著的正向影响作用(Beta = 0.504,P<0.001),同时商业化环境对战略形成有显著的间接驱动作用(0.248 =

0.504×0.492），因此 H3.2 得到验证，即商业化环境正向影响战略目标，进而正向促进高校专利商业化战略的形成成立；商业化能力对战略目标有显著的正向影响作用（Beta=0.48，P<0.001），同时商业化能力对战略形成有显著的间接驱动作用（0.236=0.48×0.492），因此 H3.3 得到验证，即商业化能力正向影响战略目标，进而正向促进高校专利商业化战略的形成成立。也就是说，战略目标、商业化环境以及商业化能力对高校专利商业化战略形成存在显著影响。其中，战略目标是高校专利商业化战略形成的直接驱动因素，商业化环境和商业化能力是高校专利商业化战略形成的间接驱动因素。

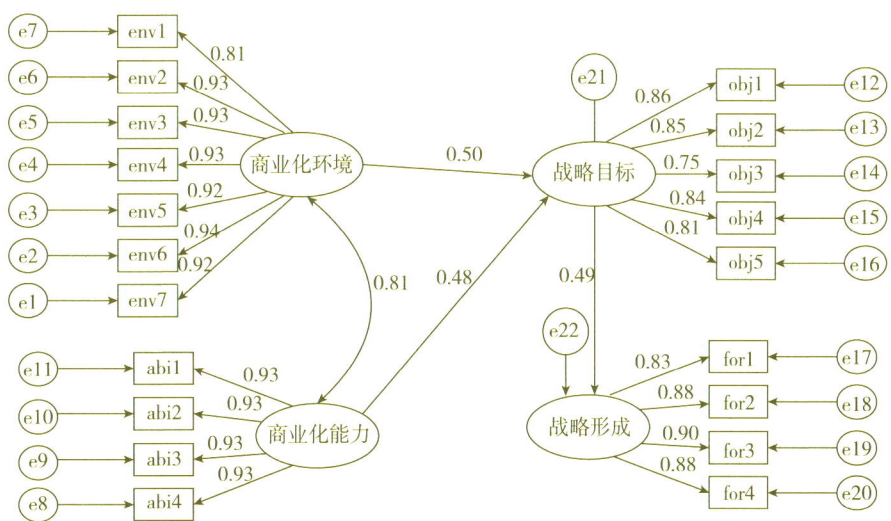

图 3-5 假设模型路径系数

（二）验证结果讨论与启示

通过结构方程模型分析方法，前文提出的 H3.1、H3.2、H3.3 都得到了验证。研究结果表明，战略目标、商业化环境以及商业化能力对高校专利商业化战略形成存在显著影响。其中，战略目标是高校专利商业化战略形成的直接驱动因素，商业化环境和商业化能力是高校专利商业化战略形成的间接驱动因素。

首先，作为商业化战略行为预期结果的主观设想，战略目标直接驱动了高校专利商业化战略的形成，为高校专利商业化战略的形成指明方向；同时，战略目标也作为核心力量维系着高校组织各个方面关系构成。因此，高校应在专利商业化战略形成之前对专利商业化战略目标进行充分考量。

其次，商业化环境的驱动力体现在对高校专利商业化的目标和行为的影响上，具体包括以下三个方面：一是政府层面提供的政策环境。例如，专利资助、专利考核评价等政策都会对高校的专利申请行为产生影响，不当的政策导向可能造成大量不以商业化为动机的专利申请，增加高校专利商业化难度。再如，政府制定的关于国有资产管理、高校专利产权分配、收益分配等政策制度，也会对高校专利商业化行为产生影响；合理的产权制度能够为高校专利商业化战略的推进提供制度保障。二是市场环境，包括高校所在地区市场发展的地域优势以及企业的技术吸纳能力。其中，市场发展的地域优势主要体现在其专利保护水平，以及服务、资金等专利商业化市场要素的完备程度等方面。三是高校环境，包括资金条件、榜样形象、组织文化以及组织结构等。例如，其他高校的突出专利商业化表现会对高校起到榜样性作用，吸引高校学习成功的商业化实践经验，而推动专利商业化实践。再如，高校中创新创业的文化氛围是否浓厚将对学校发明人的行为产生影响；具备浓厚的创新创业文化氛围的高校，其发明人往往更可能积极主动参与到专利商业化过程，推动专利商业化实践。

最后，商业化能力同样会对高校专利商业化的目标和行为产生影响，具体包括以下三个维度：一是主体素质。专利商业化活动离不开人力的支持。发明人、技术转移人员等专利创造和商业化行为主体的素质能力会直接影响专利商业化的结果，进而影响专利商业化战略的制定。因此，高校应当注重提升参与专利创造主体的专利商业化意识，在扎实的基础研究前提下形成以市场为导向的新知识框架，加强创造主体从前端申请及授权到后端专利商业化整个流程的沟通和关注，并加强对技术转移职员的培训。二是管理水平，主要表现在制度、流程设计的合理性以及部门协作水平等方面。管理水平为专利商业化的顺利开展提供基本保障。因此，高校应当建立专业的有一定商业化运作能力的专利管理机构，并配备专业的专利商业化人才，并设计合理机制加强战略制定部门与专利活动相关部门间的沟通。此外，高校还应不断完善知识产权相关制度及商业化流程，可学习国外成熟的知识产权管理经验。例如，犹他大学在确定商业化路径之前都会成立项目组有针对性地对技术进行价值分析。其中分析师与发明人见面沟通进行长达12周的准备工作，主要进行价值主张与技术概述、市场概述分析以及竞争性格局的分析。在这12周内除了与发明人进行沟通，分析师还需要将情况及时反馈给业务技术经理（项目的负责人）。经过细致的考核后才决定一项技术是否商业化以及如何商业化。三是产出能力。专利作为商业化行为的客观主体，其产出数量、质量都直接影响着高校的专利商业化战略，而高质量专利更是确保专利商业化的前提基础。因此，高校应当加强对专利质量的审核，建立专利质量评价标准让专利质量评估有据可依，从而提升专利商业化的可能性。

解决高校专利商业化问题必须立足高校自身，通过战略规划和实施由上及下逐层推进，以创新文化培育为切入口，强化对外的信息交流，逐渐摒弃或完善缺乏全局统筹甚至有些急功近利的政策制度与评价体系，构建可持续的、能够为产业提供有效支撑的技术创新和技术商业化组织结构，围绕专利商业化活动科学组织管理，从高校专利商业化战略制定到专利商业化活动的推进实现专利商业化过程的动态管理。

第四章

驱动情景下的战略实施合作演化博弈分析

第一节 高校专利商业化战略实施系统分析

一、系统中的参与主体

高校专利商业化战略是在内外部驱动因素的综合作用下形成的，通过影响高校专利商业化的目标和行为，内外部驱动因素分析不仅奠定了高校专利商业化战略实施系统的基础，明确了战略实施所包含的内外部主体构成及关联关系，同时也为进一步分析内外部系统不同主体间的深层次博弈提供了重要依据。

基于市场导向的高校专利商业化战略实施是一个系统性运作过程。整个系统由内外两个子系统构成,要提升战略绩效,需要内外系统的相互协同。高校的组织特征决定了很难独自开展专利商业化活动,而必然要与其他组织进行合作。章琰(2006)认为,学校技术转移网络由三个子系统构成,分别是核心子系统("大学+企业")、中介和支撑服务子系统("中介机构+金融机构+政府部门")、管理调控子系统(政府部门)。高校的专利商业化活动始于高校,终于市场,从其关键活动来看,产生的组织联系可能有合作高校、合作科研机构、企业、金融机构、政府部门,以及信息、法律、代理、评估等各类服务机构等(见图4-1)。

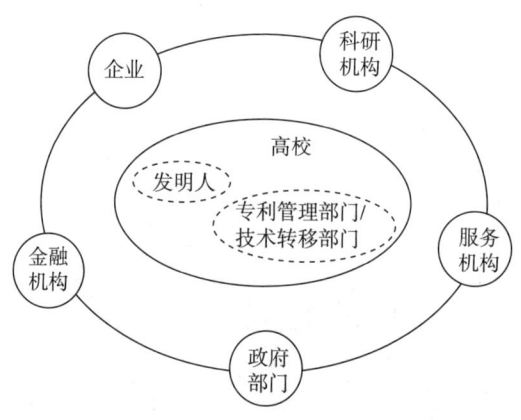

图4-1 高校专利商业化战略实施系统

Nalebuff 和 Brandenburger(1997)强调,在商业活动中,从不同的角度去观察同一个组织,则可能发现该组织与核心企业的不同互动关系。也就是说,某一组织可能是核心企业的竞争者,但从另外的角度看,也可能成为互补者。因此,不能单纯地把一个组织看作是某一固定的角色。实践中,高校专利商业化的参与者在不同情况下也可能扮演不止一个角色。以企业为例,企业可以选择在高校专利商业化的任意一个阶段与高校合作。当企业与高校合作进行技术研发时,企业是以专利创造者的角色参与高校专利商业化的;当企业投入资金、人力、信息等资源支持高校专利技术孵化时，企业扮演的则是运营辅助者的角色；而当企业与高校达成专利许可协议时，企业又是以专利应用者的身份出现。因此，高校、科研机构、企业、金融机构、各类服务机构、政府部门等参与者主要可归纳为运营组织者、专利创造者、专利应用者、运营辅助者、规则制定者等。

从运营组织者、专利创造者、运营辅助者、专利应用者等角色功能的角度对高校专利商业化参与主体进行分析，更加有利于清晰地认识和理解参与者在专利商业化系统中的位置以及参与者之间的关联关系，也能帮助避免仅把某一组织限定为单一角色的认识误区。这也是高校专利商业化参与者关联关系复杂性的一种体现。

二、参与主体之间的互动关系

高校专利商业化系统中，不同的参与主体各自拥有不同的优势资源；这些参与主体通过一系列活动在系统内进行资源的供给和交换，从而实现价值的创造。Allee（2000a）是最早对利益相关者之间的价值交换进行分类研究的。Allee（2000b，2008）提出价值分类包括商品、服务和现金收益、知识以及无形收益三种。其中，知识是指战略信息、设计和工艺知识、员工能力，如专有技术；无形收益包括客户忠诚度、社群意识等。Zhao（2008）认为知识作为一种信息，是包含在无形收益中的，并将价值分类调整为服务和商品、货币收益和无形收益三种。在此基础上，Zhang等（2014）将价值分为流量/内容转移、货币转移和无形收益三种。其中，无形收益包括品牌认知度、信息和客户忠诚度。为了更符合专利商业化的实际情况，本书将专利商业化中的价值分为专利及其衍生品、现金收益和无形收益三种。其中，专利及其衍生品指专利权以及基于专利技术而生成的商品、服务等；无形收益主要包括商业知识、技术知识等信息，以及社会声誉、知名度等。

运营组织者在专利商业化系统中发挥组织运营的主导功能，其主要作用在于整合各方资源、建立和维护客户关系、组织和维系各参与主体之间的关系等。为促进专利商业化，实现专利价值，高校可能依靠科研人员或专利管理人员直接与企业建立联系，也可能成立专门机构负责专利商业化，或是委托外部服务机构开展专利商业化。无论采取哪种形式，这些组织或个人都是作为运营组织者，代表学校进行专利商业化，负责协调校内外资源，是高校专利商业化内部系统与外部系统衔接的桥梁。运营组织者一方面可以通过采购服务、收益分红等方式为其他参与者带来现金收益，另一方面也可以通过提供相关服务为其他参与者带来技术知识、商业信息等无形收益，以及通过专利交易、技术孵化等为专利应用者提供专利权及其衍生品。同时，运营组织者可获取的价值主要包括现金收益、商业知识、技术知识、社会声誉等。

专利创造者主要从事创新活动，通过研发创造专利。可能成为专利创造者的主体包括高校、科研院所，以及具有研发能力的企业等。从高校内部看，学校发明人是实质的专利创造者。从高校外部看，其他高校、科研院所、企业等创新主体也可能作为专利创造者参与高校专利商业化。例如，与高校合作研发，创造专利；或是通过合作协议，与高校构建专利组合；等等。在高校专利商业化系统中，专利创造者主要能够为其他参与者带来专利以及技术信息等价值。同时，通过参与专利商业化，专利创造者也可以通过转让或许可专利、分享专利商业化收益、参与技术孵化等方式获取现金收益以及技术知识、商业知识等无形收益。

运营辅助者主要是指在专利商业化中提供人才、信息、资金等方面支持和服务的主体，又可细分为资金支持者、服务提供者等。运营辅助者为专利商业化提供各类优质资源，支撑专利商业化中的价值创造。例如，金融机构可以为高校专利商业化提供投资资金，以及信贷、保险、金融信息咨询等服务；各类服务机构可以为高校专利商业化提供信息沟通、技术评估、市场需求挖掘、转化合同制定和法律咨询等服务。可见，运营辅助者能为其他参与者提供的价值主要是信息等无形收益；同时，运营辅助者可以通过分享专利收益、收取服务费用等方式获取现金收益，并且提升组织的社会知名度。

专利应用者则是指专利权的需求者、专利技术的实施者，如制造业企业、服务供应商等组织。专利应用者通过反馈专利需求，帮助其他参与者更加准确地理解市场需求，从而更大程度地促进专利价值提升。因此，专利应用者能为其他参与者带来的价值主要在于市场信息等无形收益，以及通过专利交易获取的现金收益。同时，专利应用者通过参与专利商业化也可以获取专利权利、技术知识等价值。

在高校专利商业化系统中还存在一个特殊的参与者，就是政府部门。吕建秋等（2017）指出，政府部门是高校专利商业化系统运行的重要推动者。一方面，政府部门从专利审查、授权、司法保护、行政保护、市场监管、优惠政策制定等多方面为高校专利商业化营造良好的环境，促进高校专利商业化。另一方面，政府部门也会通过实施科技计划项目、建设公共服务平台、设立国家专利运营基金等举措直接参与高校专利商业化。因此，政府部门可能是一个幕后角色，即规则制定者，是高校专利商业化系统运行的环境因素；也可能是系统中的运营辅助者。无论哪种情况，政府部门通过支持高校专利商业化可推动高校科技成果转化、激励创新、提升产业竞争力，提升整体社会福利水平，从而获得政府形象提升等无形收益，并通过税收增加财政收入。

第二节
商业化环境维度：外部系统演化博弈

高校专利商业化战略实施外部系统参与主体之间的关系实质上是一种

基于利益的合作博弈关系。各参与者都有自己的资源优势，能够在为系统做出价值贡献的同时，利用系统中的互补性资源实现价值增值。高校专利商业化战略实施系统参与主体之间的协调合作是高校专利商业化战略实施的基础。从理论层面科学解析高校专利商业化战略实施系统参与主体在专利商业化过程中的互动关系和博弈策略，对影响各主体行为反应的关键因素进行识别，将有利于采取有效策略促进系统的有效运行。

作为驱动高校专利商业化战略形成的重要因素，商业化环境中所包含的政府和市场主体是高校专利商业化战略实施系统外部系统的核心参与者，商业化环境驱动力体现在对高校专利商业化的目标和行为的影响，是市场导向发挥作用的关键一环。因此，下文将重点就高校与服务机构、高校与企业之间的演化博弈进行分析，并讨论政府如何在其中发挥作用。

一、高校与服务机构的演化博弈

在专利商业化的过程中，服务机构可以选择是否以辅助者的身份与高校合作进行专利商业化。同样地，高校也可以选择独自进行专利商业化，或者选择与服务机构合作进行专利商业化。若服务机构选择与高校合作，参与高校的专利运营，那么，服务机构将投入人力、物力等资源，协助支持高校进行专利价值挖掘、"二次研发"、市场营销等活动，进而以成立衍生公司、专利许可、专利转让等方式实现专利商业化收益，并从中收取服务费或分享专利商业化收益。

一般来说，与高校共享收益，更有可能激励服务机构在高校专利商业化的努力程度。在此条件下，高校和服务机构的收益均主要由专利商业化的潜在收益、专利商业化成本、双方合作成本，以及政府的激励政策等因素决定。高校和服务机构选择合作和不合作两种策略的收益矩阵如表4-1所示。

表 4-1　高校和服务机构的博弈收益矩阵

		服务机构	
		合作 y	不合作 1-y
高校	合作 x	$(1-s) \times (E_1+E_2) - (1-r_2) \times C_2 - (1-r_1) \times C_3 + G_1$ $s \times (E_1+E_2) - r_2 \times C_2 - r_1 \times C_3 + G_2$	$E_1 - C_1 - C_3 + G_1$ 0
	不合作 1-x	$E_1 - C_1 + G_1$ $-C_3$	$E_1 - C_1 + G_1$ 0

其中，E_1 为高校独自开展专利运营可获取的收益；C_1 为高校独自开展专利运营时的专利运营成本；C_2 为服务机构与高校合作进行专利运营时的专利运营成本；G_1 为政府部门实施激励政策给高校开展专利运营带来的额外收益；x 为高校选择与企业合作的概率，则 1-x 表示高校选择与企业不合作的概率，$0 \leqslant x \leqslant 1$；$E_2$ 为服务机构与高校合作可增加的专利运营收益；C_3 为服务机构与高校的合作成本，当一方合作、另一方不合作时，合作成本由合作方全部承担；s 为服务机构与高校合作进行专利运营时，服务机构的专利运营收益分享系数，$0 \leqslant s \leqslant 1$；$r_1$ 为服务机构与高校合作进行专利运营时，服务机构的合作成本的分担系数，$0 \leqslant r_1 \leqslant 1$；$r_2$ 为服务机构与高校合作进行专利运营时，服务机构的商业化成本的分担系数，$0 \leqslant r_2 \leqslant 1$；$G_2$ 为政府部门实施激励政策给服务机构参与高校专利运营带来的额外收益；y 为服务机构选择与高校合作的概率，则 1-y 表示服务机构选择与高校不合作的概率，$0 \leqslant y \leqslant 1$。

如表 4-1 所示，当高校和服务机构的策略组合为（合作，合作）时，高校和服务机构合作进行专利运营，共担专利运营成本，共享专利运营收益。此时，专利运营的总收益为高校独自开展专利运营可获取的收益 E_1 与为服务机构与高校合作可增加的专利运营收益 E_2 之和。高校和服务机构还可获得政府部门实施激励政策分别给各自带来的额外收益 G_1 和 G_2。同时，高校和服务机构还需付出相应的合作成本。

当高校和服务机构的策略组合为（合作，不合作）时，高校独自进行专利运营，服务机构不参与高校专利运营。此时，由于高校选择合作，服务机构选择不合作，高校还需要付出全部的与服务机构的合作成本 C_3，高校可获得专利运营收益 E_1，仍可获得政府部门实施激励政策给高校带来的额外收益 G_1，并需要付出专利运营成本 C_1；服务机构的收益为0。

当高校和服务机构的策略组合为（不合作，合作）时，高校独自进行专利运营，服务机构不参与高校专利运营。此时，高校可获得专利运营收益 E_1，政府部门实施激励政策给高校带来的额外收益 G_1，并需要付出专利运营成本 C_1。由于服务机构选择合作，而高校选择不合作，服务机构无法参与高校专利运营，服务机构不但没有任何收益，还需负担全部的与高校的合作成本 C_3。

当高校和服务机构的策略组合为（不合作，不合作）时，高校独自进行专利运营，服务机构不参与高校专利运营。此时，由于双方都选择了不合作，所以没有合作成本发生，高校可获得专利运营收益 E_1，政府部门实施激励政策给高校带来的额外收益 G_1，并需要付出专利运营成本 C_1；服务机构的收益为0。

根据表4-1的收益矩阵，可得高校和服务机构选择合作策略的复制动态方程如式（4-1）所示：

$$\begin{cases} F(x) = \dfrac{dx}{dt} = x(U_{11} - U_1) = x(1-x)\left[y(C_1 - C_2 + C_2 r_2 + C_3 r_1 + E_2 - E_1 s - E_2 s) - C_3\right] \\ F(y) = \dfrac{dy}{dt} = y(U_{21} - U_2) = y(1-y)\left[x(C_3 + G_2 - C_2 r_2 - C_3 r_1 + E_1 s + E_2 s) - C_3\right] \end{cases}$$

(4-1)

求解式（4-1）可得高校和服务机构合作博弈动态系统的5个均衡点：

$O_1 (0,0)$，$A_1 (1,0)$，$B_1 (0,1)$，$D_1 (1,1)$，$Q_1 \left(\dfrac{C_3}{C_3 + G_2 - C_2 r_2 - C_3 r_1 + E_1 s + E_2 s},\right.$

$$\frac{C_3}{C_1+C_2r_2-C_2+C_3r_1+E_2-E_1s-E_2s})。$$

在平面 $M_1=\{(x, y) \mid 0\leq x\leq 1, 0\leq y\leq 1\}$ 内讨论系统方程的均衡点及其稳定性，根据 $0\leq x\leq 1$，$0\leq y\leq 1$，可得约束条件为 $0\leq C_3\leq C_3+G_2-C_2r_2-C_3r_1+E_1s+E_2s$，$0\leq C_3\leq C_1-C_2+C_2r_2+C_3r_1+E_2-E_1s-E_2s$。在该约束条件下，根据雅可比矩阵局部稳定性分析方法对上述各均衡点的稳定性进行分析，结果如表4-2所示。

表4-2 高校与服务机构合作演化博弈均衡解局部稳定性分析结果

	均衡点	DetJ	TrJ	局部稳定性
O_1	$x=0, y=0$	+	−	ESS
A_1	$x=1, y=0$	+	+	不稳定
B_1	$x=0, y=1$	+	+	不稳定
D_1	$x=1, y=1$	+	−	ESS
Q_1	$x=\dfrac{C_3}{C_3+G_2-C_2r_2-C_3r_1+E_1s+E_2s}$, $y=\dfrac{C_3}{C_1+C_2r_2-C_2+C_3r_1+E_2-E_1s-E_2s}$	−	0	鞍点

从表4-2可以看出，5个均衡点中 D_1（1，1）和 O_1（0，0）为演化稳定策略（ESS），且（1，1）为理想状态，（0，0）为不良锁定状态；（1，0）和（0，1）为不稳定均衡点，（$\dfrac{C_3}{C_3+G_2-C_2r_2-C_3r_1+E_1s+E_2s}$，$\dfrac{C_3}{C_1+C_2r_2-C_2+C_3r_1+E_2-E_1s-E_2s}$）为鞍点。如图4-2所示，不稳定点 A_1（1，0）、B_1（0，1）和鞍点 Q_1（$\dfrac{C_3}{C_3+G_2-C_2r_2-C_3r_1+E_1s+E_2s}$，$\dfrac{C_3}{C_1+C_2r_2-C_2+C_3r_1+E_2-E_1s-E_2s}$）连成的折线是系统收敛于理想状态（1，1）

或不良锁定状态（0，0）的临界线。区域 $O_1A_1Q_1B_1$ 收敛于不良锁定状态（0，0），区域 $D_1A_1Q_1B_1$ 收敛于理想状态（1，1）。

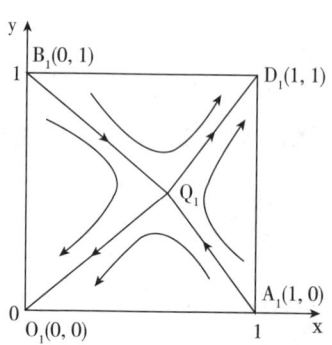

图 4-2 高校与服务机构合作演化博弈的动态复制相位图

通过鞍点的表达式可知，政府部门实施激励政策为高校进行专利运营带来的额外收益 G_1 对博弈均衡演化方向无影响；而高校专利运营收益 E_1、服务机构与高校合作可增加的专利运营收益 E_2、高校独自开展专利运营时的专利运营成本 C_1、服务机构与高校合作进行专利运营时的专利运营成本 C_2、高校与服务机构的合作成本 C_3、政府部门实施激励政策给服务机构参与高校专利运营带来的额外收益 G_2 等相关参数的变化会引起鞍点的移动，从而影响演化方向。

在其他参数值保持不变的情况下，若政府部门实施激励政策给服务机构参与高校专利运营带来的额外收益 G_2 的值增大，$\dfrac{C_3}{C_3+G_2-C_2r_2-C_3r_1+E_1s+E_2s}$ 的值则变小，鞍点水平向左移动，博弈系统收敛于不良锁定状态（0，0）的区域 $O_1A_1Q_1B_1$ 面积变小，而收敛于理想状态（1，1）的区域 $D_1A_1Q_1B_1$ 面积变大，系统收敛于理想状态的概率增大。这说明，政府部门实施激励政策给服务机构参与高校专利运营带来的额外收益 G_2 的值增大，有利于高校和服务机构的博弈系统朝理想状态演化，有助于促进高校和服务机构的合作。

在其他参数值保持不变的情况下,当高校独自开展专利运营时的专利运营成本 C_1 的值增大,$\dfrac{C_3}{C_1+C_2r_2-C_2+C_3r_1+E_2-E_1s-E_2s}$ 的值则变小,鞍点垂直向下移动,博弈系统收敛于不良锁定状态(0,0)的区域 $O_1A_1Q_1B_1$ 面积变小,而收敛于理想状态(1,1)的区域 $D_1A_1Q_1B_1$ 面积变大,系统收敛于理想状态的概率增大。这说明,高校独自开展专利运营时的专利运营成本 C_1 的值增大,会促进高校和服务机构的合作。

在其他参数值保持不变的情况下,若服务机构与高校合作进行专利运营时的专利运营成本 C_2 的值增大,$\dfrac{C_3}{C_3+G_2-C_2r_2-C_3r_1+E_1s+E_2s}$ 和 $\dfrac{C_3}{C_1+C_2r_2-C_2+C_3r_1+E_2-E_1s-E_2s}$ 的值均变大,鞍点水平向右移动并垂直向上移动,博弈系统收敛于不良锁定状态(0,0)的区域 $O_1A_1Q_1B_1$ 面积变大,而收敛于理想状态(1,1)的区域 $D_1A_1Q_1B_1$ 面积变小,系统收敛于理想状态的概率减小。这说明,服务机构与高校合作进行专利运营时的专利运营成本 C_2 的值增大,不利于高校和服务机构的博弈系统朝理想状态演化,不利于促进高校和服务机构的合作。

在其他参数值保持不变的情况下,若高校与服务机构的合作成本 C_3 的值增大,$\dfrac{C_3}{C_3+G_2-C_2r_2-C_3r_1+E_1s+E_2s}$ 和 $\dfrac{C_3}{C_1+C_2r_2-C_2+C_3r_1+E_2-E_1s-E_2s}$ 的值均变大,鞍点水平向右并垂直向上移动,博弈系统收敛于不良锁定状态(0,0)的区域 $O_1A_1Q_1B_1$ 面积变大,而收敛于理想状态(1,1)的区域 $D_1A_1Q_1B_1$ 面积变小,系统收敛于理想状态的概率减小。这说明,高校与服务机构的合作成本 C_3 的值增大,不利于高校和服务机构的博弈系统朝理想状态演化,不利于促进高校和服务机构的合作。

在其他参数值保持不变的情况下，若高校专利运营收益 E_1 的值增大，$\frac{C_3}{C_3+G_2-C_2r_2-C_3r_1+E_1s+E_2s}$ 的值变小，而 $\frac{C_3}{C_1+C_2r_2-C_2+C_3r_1+E_2-E_1s-E_2s}$ 的值变大，鞍点水平向左并垂直向上移动。此时，在各参数值不确定的情况下，并不能确定博弈系统收敛于不良锁定状态（0，0）的区域 $O_1A_1Q_1B_1$ 面积和收敛于理想状态（1，1）的区域 $D_1A_1Q_1B_1$ 面积的变化情况，也无法判断系统收敛于理想状态的概率是否发生变化。因此，不能判断高校专利运营收益 E_1 的值增大，是否有利于高校和服务机构的博弈系统朝理想状态演化。

在其他参数值保持不变的情况下，若服务机构与高校合作可增加的专利运营收益 E_2 的值增大，$\frac{C_3}{C_3+G_2-C_2r_2-C_3r_1+E_1s+E_2s}$ 和 $\frac{C_3}{C_1+C_2r_2-C_2+C_3r_1+E_2-E_1s-E_2s}$ 的值均变小，鞍点水平向左并垂直向下移动，博弈系统收敛于不良锁定状态（0，0）的区域 $O_1A_1Q_1B_1$ 面积变小，而收敛于理想状态（1，1）的区域 $D_1A_1Q_1B_1$ 面积变大，系统收敛于理想状态的概率增大。这说明，服务机构与高校合作可增加的专利运营收益 E_2 的值增大，有利于高校和服务机构的博弈系统朝理想状态演化，有利于促进高校和服务机构的合作。

二、高校与企业的演化博弈

高校专利商业化的路径一般有两种：一是通过专利推广，寻找潜在客户，即需要专利的专利应用者，完成专利转让或许可；二是通过专利再开发，并寻找合适的商业模式，成立衍生公司，完成专利产品化。相对来说，后者活动更为复杂。目前，专利转让是中国高校最普遍的专利运营方式，因此，以下主要以专利交易情境为例，探讨高校和企业在专利运营中的互动行为。

高校进行专利运营并将专利相关权利以转让或许可方式让渡给企业（视为高校的"合作"策略），也可以选择不进行专利运营，不与企业进行专利交易（视为高校的"不合作"策略）；同时，企业作为专利应用者可以选择与高校合作、以转让或许可方式获取高校专利相关权利（视为企业的"合作"策略），也可以选择不与高校合作、不获取高校专利相关权利（视为企业的"不合作"策略）。如果企业与高校都选择与对方合作，并完成专利交易，在此情境下，高校的专利运营收益等于企业获取专利相关权利需付出的成本，而企业获取权利后的潜在收益主要是企业通过实施专利技术，或阻碍竞争对手、控制市场等途径增加的经营收益。此时企业的潜在收益取决于企业获取专利相关权利后的运用情况，包括专利技术的实施、专利产品的销售、专利权的维护等。鉴于此，高校与企业合作的演化博弈模型构建所涉及的相关损益变量设定如下：

E_3 为高校进行专利运营并与企业达成交易可能获取的收益；

C_4 为高校开展专利运营需付出的成本；

G_3 为政府部门实施激励策略给高校开展专利运营带来的额外收益；

p 为高校选择合作的概率，则 $1-p$ 表示高校选择不合作的概率，$0 \leq p \leq 1$；

E_4 为企业获取专利相关权利后可能增加的潜在收益；

C_5 为企业为获取专利相关权利所需付出的成本，且 $C_5 = E_3 = V$；

C_6 为企业与高校的合作成本，一方合作，另一方不合作时，由合作方承担全部成本；

m 为企业的合作成本分担系数，$0 \leq m \leq 1$；

G_4 为政府部门实施激励政策给企业获取高校专利相关权利带来的额外收益；

H 为企业不获取专利相关权利的机会损失；

q 为企业选择合作的概率，则 $1-q$ 表示企业选择不合作的概率，$0 \leq q \leq 1$。

根据上文分析和假设,高校和企业选择合作和不合作两种策略的收益矩阵如表4-3所示。

表4-3 校企双方的博弈收益矩阵

		企业	
		合作 q	不合作 1-q
高校	合作 p	$V-C_4-(1-m)C_6+G_3$ $E_4-V-mC_6+G_4$	$-C_4-C_6+G_3$ $-H$
	不合作 1-p	0 $-C_6-H$	0 $-H$

如表4-3所示,当高校和企业的策略组合为(合作,合作)时,高校进行专利运营并与企业达成专利交易。此时,高校的收益为 $E_3=V$,并可获得政府部门实施激励政策给高校带来的额外收益 G_3,同时需要付出专利运营成本 C_4,承担部分合作成本 $(1-m)\times C_6$;企业可获得政府部门实施激励政策给高校带来的额外收益 G_4,并可能通过专利实施、维权等获得潜在收益 E_4,为获取高校专利相关权利,企业需付出成本 $C_5=V$,并承担相应的合作成本 $m\times C_6$。

当高校和企业的策略组合为(合作,不合作)时,高校进行专利运营,但企业不与高校进行专利交易。此时,由于高校选择合作,企业选择不合作,高校需要付出全部的与企业的合作成本 C_6,高校可获得专利运营收益为0,但仍可获得政府部门实施激励政策给高校带来的额外收益 G_3,并需要付出专利运营成本 C_4;企业的收益为0,并且要承担可能存在的风险损失 H。

当高校和企业的策略组合为(不合作,合作)时,企业希望与高校达成专利交易,但高校不进行专利运营,不与企业合作。此时,高校的收益为0;由于企业选择合作,而高校选择不合作,企业无法获取高校专利相关权利,企业不但没有任何收益,还需负担全部的与高校的合作成本 C_6,并要承担可能存在的风险损失 H。

当高校和服务机构的策略组合为(不合作,不合作)时,高校独自进行专利运营,服务机构不参与高校专利运营。此时,由于双方都选择了不合作,所以没有合作成本发生,高校可获得专利运营收益为 E_1,政府部门实施激励政策给高校带来的额外收益为 G_1,并需要付出专利运营成本 C_1;服务机构的收益为 0。

高校和企业选择合作策略的复制动态方程如下所示:

$$\begin{cases} F(p) = \dfrac{dp}{dt} = p(\Pi_{11} - \Pi_1) = p(1-p)(qV + qmC_6 - C_4 - C_6 + G_3) \\ F(q) = \dfrac{dq}{dt} = q(\Pi_{21} - \Pi_2) = q(1-q)[p(C_6 - V + E_4 + G_4 + H - C_6 m) - C_6] \end{cases}$$

(4-2)

求解式(4-2)可得高校与企业合作博弈复制动态系统的 5 个均衡点:O_2(0,0),A_2(1,0),B_2(0,1),D_2(1,1),Q_2 $\left(\dfrac{C_6}{(1-m)C_6 + E_4 + G_4 + H - V}, \dfrac{C_4 + C_6 - G_3}{V + C_6 m}\right)$。

在平面 $M_2 = \{(p, q) \mid 0 \leq p \leq 1, 0 \leq q \leq 1\}$ 内讨论系统方程的均衡点及其稳定性。在约束条件 $0 \leq C_6 \leq (1-m)C_6 + G_4 + E_5 + H - V$,$0 \leq C_4 + C_6 - G_3 \leq V + mC_6$ 下,根据雅可比矩阵局部稳定性分析方法对上述各均衡点的稳定性进行分析,结果如表 4-4 所示。

表 4-4　高校与企业合作演化博弈均衡解局部稳定性分析结果

均衡点		DetJ	TrJ	局部稳定性
O_2	p=0, q=0	+	−	ESS
A_2	p=1, q=0	+	+	不稳定
B_2	p=0, q=1	+	+	不稳定

续表

均衡点		DetJ	TrJ	局部稳定性
D_2	$p=1$，$q=1$	+	−	ESS
Q_2	$p=\dfrac{C_6}{(1-m)C_6+E_4+G_4+H-V}$ $q=\dfrac{C_4+C_6-G_3}{V+C_6m}$	−	0	鞍点

从表4-4可以看出，5个均衡点中有两个ESS，即（1，1）和（0，0），而（1，0）和（0，1）为不稳定均衡点，（$\dfrac{C_6}{(1-m)C_6+E_4+G_4+H-V}$，$\dfrac{C_4+C_6-G_3}{V+C_6m}$）为鞍点。如图4-3所示，不稳定点$A_2$（1，0）、$B_2$（0，1）和鞍点$Q_2$（$\dfrac{C_6}{(1-m)C_6+E_4+G_4+H-V}$，$\dfrac{C_4+C_6-G_3}{V+C_6m}$）连成的折线是系统收敛于理想状态（1，1）或不良锁定状态（0，0）的临界线。区域$O_2A_2Q_2B_2$收敛于不良锁定状态（0，0），区域$D_2A_2Q_2B_2$收敛于理想状态（1，1）。

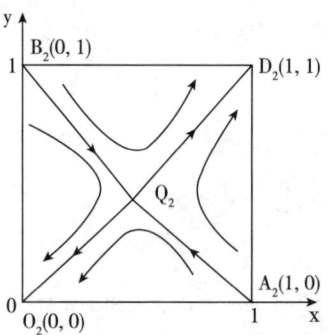

图4-3 高校与企业演化博弈的动态复制相位图

通过鞍点的表达式可知，校企合作成本C_6，企业获取专利相关权利后可能增加的潜在收益E_4，企业不获取专利相关权利的机会损失H，政府部门实施激励政策为高校进行专利运营带来的额外收益 G_3，政府部门实施激励政策为企业获取高校专利权利带来的额外收益 G_4，企业为获取专利相关权利所需付出的成本 $C_5=V$，高校进行专利运营并与企业达成交易可能获取的收益 $E_3=V$ 等相关参数的变化会引起鞍点的移动，从而影响演化方向。

在其他参数值保持不变的情况下，若政府部门实施激励政策为高校进行专利运营带来的额外收益 G_3 的值增大，$\dfrac{C_4+C_6-G_3}{V+C_6 m}$ 的值则变小，鞍点垂直向下移动，博弈系统收敛于不良锁定状态（0，0）的区域 $O_2 A_2 Q_2 B_2$ 面积变小，而收敛于理想状态（1，1）的区域 $D_2 A_2 Q_2 B_2$ 面积变大，系统收敛于理想状态的概率增大。这说明，政府部门实施激励政策为高校进行专利运营带来的额外收益 G_3 的值增大，有利于高校和企业的博弈系统朝理想状态演化，有助于促进高校和企业的合作。

在其他参数值保持不变的情况下，若政府部门实施激励政策为企业获取高校专利权利带来的额外收益 G_4 的值增大，$\dfrac{C_6}{(1-m)\,C_6+E_4+G_4+H-V}$ 的值则变小，鞍点水平向左移动，博弈系统收敛于不良锁定状态（0，0）的区域 $O_2 A_2 Q_2 B_2$ 面积变小，而收敛于理想状态（1，1）的区域 $D_2 A_2 Q_2 B_2$ 面积变大，系统收敛于理想状态的概率增大。这说明，政府部门实施激励政策为企业获取高校专利权利带来的额外收益 G_4 的值增大，有利于高校和企业的博弈系统朝理想状态演化，有助于促进高校和企业的合作。

在其他参数值保持不变的情况下，若企业不获取专利相关权利的机会损失 H 的值增大，$\dfrac{C_6}{(1-m)\,C_6+E_4+G_4+H-V}$ 的值则变小，鞍点水平向左移动，博弈系统收敛于不良锁定状态（0，0）的区域 $O_2 A_2 Q_2 B_2$ 面积变小，而收敛于理想状态（1，1）的区域 $D_2A_2Q_2B_2$ 面积变大，系统收敛于理想状态的概率增大。这说明，企业不获取专利相关权利的机会损失 H 的值增大，有利于高校和企业的博弈系统朝理想状态演化，有助于促进高校和企业的合作。

在其他参数值保持不变的情况下，若企业获取专利相关权利后可能增加的潜在收益 E_4 的值增大，$\dfrac{C_6}{(1-m)\ C_6+E_4+G_4+H-V}$ 的值则变小，鞍点水平向左移动，博弈系统收敛于不良锁定状态（0，0）的区域 $O_2A_2Q_2B_2$ 面积变小，而收敛于理想状态（1，1）的区域 $D_2A_2Q_2B_2$ 面积变大，系统收敛于理想状态的概率增大。这说明，企业获取专利相关权利后可能增加的潜在收益 E_4 的值增大，有利于高校和企业的博弈系统朝理想状态演化，有助于促进高校和企业的合作。

在其他参数值保持不变的情况下，若校企合作成本 C_6 的值增大，$\dfrac{C_6}{(1-m)\ C_6+E_4+G_4+H-V}$ 的值变大，$\dfrac{C_4+C_6-G_3}{V+C_6m}$ 的值也变大，鞍点水平向右并垂直向上移动，博弈系统收敛于不良锁定状态（0，0）的区域 $O_2A_2Q_2B_2$ 面积变大，而收敛于理想状态（1，1）的区域 $D_2A_2Q_2B_2$ 面积变小，系统收敛于理想状态的概率减小。这说明，校企合作成本 C_6 的值增大，不利于高校和企业的博弈系统朝理想状态演化，不利于促进高校和企业的合作。

在其他参数值保持不变的情况下，若企业为获取专利相关权利所需付出的成本/高校进行专利运营并与企业达成交易可能获取的收益 $C_5=E_3=V$ 的值增大，$\dfrac{C_6}{(1-m)\ C_6+E_4+G_4+H-V}$ 的值变大，$\dfrac{C_4+C_6-G_3}{V+C_6m}$ 的值变小，鞍点水平向右并垂直向下移动。此时，在各参数的值不确定的情况下，无法判断博弈系统收敛于不良锁定状态（0，0）的区域 $O_2A_2Q_2B_2$

面积和收敛于理想状态（1，1）的区域 $D_2A_2Q_2B_2$ 面积的变化情况，无法判断系统收敛于理想状态的概率减小还是增大。因此，无法判断企业为获取专利相关权利所需付出的成本/高校进行专利运营并与企业达成交易可能获取的收益 $C_5=E_3=V$ 的值增大，是否有利于高校和企业的博弈系统朝理想状态演化。

三、结果讨论与启示

通过构建演化博弈模型，对高校与服务机构、高校与企业在专利商业化中的合作行为进行分析，研究结果表明：

（1）在高校与服务机构的合作演化博弈中，服务机构与高校合作可增加的专利运营收益 E_2 的提高有利于促进双方合作；高校与服务机构的合作成本 C_3 的降低对高校和服务机构采取合作策略有较大促进作用；高校独自进行专利运营成本 C_1 的增加能够促进高校和服务机构的合作；高校与服务机构合作进行专利运营的成本 C_2 降低利于促进双方合作；政府激励政策为服务机构带来额外收益 G_2 的增加能够起到促进高校和服务机构合作的作用；而高校独自进行专利运营可获取收益 E_1 的变化，对促进校企合作并无明显效果。

（2）在高校与企业的合作演化博弈中，企业获取专利相关权利后可获取的潜在收益 E_4 的增加能够促进校企合作；企业未获取高校专利相关权利的机会损失 H 的增加也能够促进校企合作；高校进行专利运营需付出的成本 C_4 的降低能够促进校企合作；企业与高校的合作成本 C_6 的降低能够促进校企合作；政府激励政策给高校进行专利运营带来的额外收益 G_3 的增加能够促进校企合作；政府激励政策给企业获取高校专利相关权利带来的额外收益 G_4 的增加能够促进校企合作；而企业获取高校专利相关权利需付出的成本 C_5/高校进行专利运营并与企业达成交易可获

取的收益 E_3 的降低，对促进高校和企业策略选择向合作方向演化并无明显作用。

结合以上研究结果，得到以下几点启示：

第一，拓展沟通渠道，降低合作成本。在高校专利商业化活动中，高校与服务机构或企业之间进行合作的一个重要前提是确保合作成本控制在较低的水平。无论是对高校、企业还是服务机构来说，与其他利益相关者的合作成本都是影响其策略选择的重要因素，合作成本的降低有利于促进各主体选择合作策略。同时，政府、高校、企业和服务机构自身的管理、运营和服务能力也是影响合作的重要因素。不仅如此，从前文市场导向影响高校专利商业化绩效的内在机理以及高校专利商业化战略形成的驱动因素的分析结论看，也表明拓展沟通渠道有利于高校专利商业化外部系统各参与主体之间的信息流动，进而优化系统环境和系统运行效率，提升专利商业化绩效。因此，需要政府、高校、企业和服务机构努力发挥各自职能，并通过相互协作不断提升服务能力、运营能力和管理水平，进而推动市场环境不断优化，逐步打通阻碍市场信息流通的各类渠道，通过降低合作成本，推动高校与外部服务机构和企业之间建立互利共赢的有机联系。尤其政府部门应积极搭建合作平台，完善信息服务，促使高校、服务机构、企业等专利商业化利益相关者能够及时地了解对方的需求、资源和能力，从而减少各主体的合作成本。同时，政府部门还应通过人才培训、项目培育等举措，引导高校、企业和服务机构重视专利管理，并帮助提升运营和服务能力。

第二，加强对企业和服务机构参与高校专利商业化的鼓励和支持。政府部门的激励政策所带来的额外收益的增加是促进高校和服务机构、高校与企业合作的重要条件。从国内高校专利商业化现状分析来看，作为非营利性组织，在高校专利商业化战略实施的外部系统中，相较企业、服务机构等市场化主体，其参与专利商业化的意愿和能力均不具备明显优势，因此如何充分调动企业和服务机构的积极能动性对于促成双方甚至多方合作至关重要。企业作为专利应用者，是能够实施专利、实现将专利转化为产品的重要市场主体，为促进企业积极参与高校专利商业化，政府部门应重视完善和加强对企业的鼓励和支持，可采取税收优惠、风险补偿、奖励资助等政策工具激励企业参与高校专利商业化。高校进行专利商业化需要依托一些互补性资源，如资金、市场渠道等，特别是针对一些需要"中试"的专利技术。服务机构等专利商业化辅助者的参与将为高校专利商业化提供这些互补性资源，从而增强高校专利商业化能力，促进高校科技成果转化，政府部门可通过制定实施相应的激励政策，鼓励服务机构等专利商业化辅助者积极参与高校专利商业化。

第三，加强知识产权保护。总体而言，所有促使高校和企业、服务机构选择合作策略的收益的增加，无论是高校进行专利商业化的收益的增加、高校与服务机构合作运营获取收益的增加、企业获取高校专利后潜在收益的增加，还是企业未获取高校专利机会损失的增加都与专利的保护环境息息相关。一方面，得不到有效保护的专利，其价值便会大打折扣，高校、服务机构进行专利商业化的收益或是企业获取专利后的潜在收益都可能会随之降低；另一方面，在专利保护强度不高、保护效果不佳的市场环境下，企业不获取专利的机会损失也会减少。在这种情况下，高校、服务机构、企业参与专利商业化的积极性都会下降。因此，政府部门应当努力从授权确权、行政执法、司法审判、仲裁调解、行业自律到社会监督的各个方面加强知识产权保护，从而构建一个高校和企业能够充分实现其持有专利价值的良好环境，降低高校、服务机构和企业的专利收益因环境因素而降低的可能性；同时，在一定程度上增加企业不获取高校有价值专利的机会损失，从而促进专利商业化各利益相关者的合作。

第三节
商业化能力维度：内部系统演化博弈分析

高校是其专利商业化战略实施系统的核心，其人员素质（价值观、理解能力、积极性等）、管理水平（制度、流程设计、部门协作能力等）等商业化能力表现同样会对高校专利商业化的目标和行为产生影响。

学校发明人作为高校专利商业化战略实施内部系统中的关键主体，如何提升发明人在高校专利商业化中的积极性和努力程度，是一个至关重要的问题。2015年《促进科技成果转化法》修订颁布实施后，一些高校开展了职务科技成果权属混合所有制的探索，以产权所有制改革为突破点，采用分割确权的方式，激励职务发明人参与专利商业化，促进科技成果转化[1]。例如，2016年1月，西南交通大学发布"西南交大九条"（即《西南交通大学专利管理规定》），率先推行职务科技成果权属混合所有制；同年5月[2]，成都市推出"成都新十条"（即《促进国内外高校院所科技成果在蓉转移转化若干政策措施》），开展职务科技成果权属混合所有制改革[3]，并在年底出台了由科技局联合市委市政府七部门共同制定的《关于支持在蓉高校所开展职务科技成果混合所有制改革的实施意见》[4]；12月，四川省颁布《四川省职务科技成果权属混合所有制改革试点实施方案》，并在20家高校院所进行单位与职务发明人共同拥有职务科技成果产

---

[1] 全国人民代表大会常务委员会. 中华人民共和国促进科技成果转化法[Z]. 2015-08-29.
[2] 西南交通大学. 西南交通大学专利管理规定[Z]. 2016-01-22.
[3] 成都市科技局. 促进国内外高校院所科技成果在蓉转移转化若干政策措施[Z]. 2016-06-02.
[4] 成都市科技局. 关于支持在蓉高校院所开展职务科技成果混合所有制改革的实施意见[Z]. 2016-11-05.

权试点[①]。

丁明磊（2018）通过对地方开展职务科技成果混合所有制探索的总结和归纳，阐述了健全技术创新市场导向机制和健全技术创新激励机制的必要性，且应加强科技成果产权对科技人员的长期激励。高校科研院所对职务科技成果权属混合所有制的改革探索，核心是通过职务科技成果由职务发明人和单位共同所有，将转化后的股权奖励变为转化前的产权激励。将职务科技成果由原本的"高校科研院所所有"变为"高校科研院所与职务发明人共同所有"，将科技成果转化后的股权奖励，变为转化前的产权激励[②]。张铭慎（2017）认为承认职务科技成果特殊属性、实施所有权确权激励，能够使科研人员和高校在权力与动力上的激励相容。分割确权制度将对高校专利商业化战略实施系统产生重要影响[③]。因此，本节运用演化博弈基本原理，以高校与职务发明人作为博弈双方，就分割确权行为展开研究。

一、"高校—发明人"演化博弈

假设高校和职务发明人主体双方均理性，高校通过与职务发明人分割确权以激励职务发明人进行职务发明。在高校制定分割确权决策时，实际运作中会表现为两种形式：其一，实行分割确权，概率为q；其二，不进行分割确权，概率为1-q。而职务发明人在具体的实践过程中会不断地调整其行为策略，在整个动态过程中同样会有两种不同的行为策略：其一，

---

① 四川省科技厅，四川省知识产权局. 四川省职务科技成果权属混合所有制改革试点实施方案（川科政〔2016〕5号）[Z]. 2016-12.
② 丁明磊. 地方探索职务科技成果权属混合所有制改革的思考与建议[J]. 科学管理研究，2018, 36（1）：17-20, 45.
③ 张铭慎. 如何破除制约入股型科技成果转化的"国资诅咒"？——以成都职务科技成果混合所有制改革为例[J]. 经济体制改革，2017（6）：116-123.

积极申请职务发明，概率为 p；其二，不积极申请职务发明，概率为 1-p。

V 表示实行分割确权前，由于职务发明成果转化获得的基本收益；θ 表示未实行分割确权时职务发明人获得的利益分配比例，$0<θ<1$；δ 表示分割确权比例，$0<δ<1$；V_P 表示实行分割确权后，由于发明人受到激励增加了在成果转化中的努力程度而增加的成果转化收益；V_I 表示因发明人受到分割确权的激励而为高校带来的包括无形资产（如专利权数量）的增加、社会声誉的提高等间接收益；A 表示科技成果转化中介费用，分割确权后由职务发明人与高校按权利分割比例共同承担；I_A 表示高校未实行分割确权时而职务发明人积极争取分割确权所付出的成本，I_B 表示高校为推行分割确权而付出的成本。

在高校实行分割确权且职务发明人参与的条件下，职务发明人获得分割确权，并受到由于分割确权的激励；而高校由于积极实行分割确权获得系列经济收益，此时，职务发明人的收益为 $δV+δV_P-δA$，高校的收益为 $(1-δ)V+(1-δ)V_P+V_{I0}-(1-δ)A-I_B$。

当职务发明人愿意参与确权而高校不实行时，由于职务发明人的单方推动能够为自身以及高校带来一定的收益，此时，职务发明人的收益为 $θV-I_A$，高校的收益为 $(1-θ)V-A$。

当高校实行分割确权而职务发明人不参与时，高校为落实分割确权管理办法花费了较大的成本，而职务发明人由于未参与分割确权而产生损失，此时，职务发明人的收益为 $θV$，高校的收益为 $(1-θ)V-I_B-A$。

当高校不实行分割确权且职务发明人不参与分割确权时，即高校与职务发明人双方对分割确权行为均"无视"时，此时双方既不会产生激励，同时也不会付出额外的成本，此时，职务发明人的收益为 $θV$，高校的收益为 $(1-θ)V-A$。

根据上述的分析，可得职务发明人的复制动态方程为：

$$F=\frac{dq}{dt}=q(E_q-\overline{E}_q)=q(1-q)[I_A-p(I_A-\delta A+\delta V_P+\delta V-\theta V)] \quad (4-3)$$

令式 (4-3) 为 0, 可得当 q = 0, 1 或 $p=\frac{I_A}{I_A+\delta V_P+\delta V-\theta V-\delta A}$ 时, 职务发明人选择参与策略的占比是稳定的。对上述求解进一步分析可得, 当高校以 $p=\frac{I_A}{I_A+\delta V_P+\delta V-\theta V-\delta A}$ 的概率选择实行分割确权时, 职务发明人无论是否参与分割确权对其收益均不产生影响, 即职务发明人在任意给定的 p 值下的策略都是稳定的; 当高校选择实行分割确权的概率满足 $p<\frac{I_A}{I_A+\delta V_P+\delta V-\theta V-\delta A}$ 时, 0 或 1 是两个可能的稳定解, 职务发明人将从参与分割确权状态向不参与状态转移; 反之, 当高校实行分割确权制度的概率满足 $p>\frac{I_A}{I_A+\delta V_P+\delta V-\theta V-\delta A}$ 时, 职务发明人则从不参与分割确权制度的状态向参与分割确权制度的状态转移。

高校收益的复制动态方程为:

$$G=\frac{dp}{dt}=p(E_p-\overline{E}_p)=p(1-p)[q(V_1+V_P+\delta A-\delta V-\delta V_P+\theta V)-I_B] \quad (4-4)$$

同理, 令式 (4-4) 为 0, 可得当 p = 0, 1 或 $q=\frac{I_B}{V_1+V_P+\delta A-\delta V-\delta V_P+\theta V}$ 时, 高校选择实行分割确权策略的占比是稳定的。当职务发明人以 $q=\frac{I_B}{V_1+V_P+\delta A-\delta V-\delta V_P+\theta V}$ 的概率参与分割确权时, 此时高校是否实行分割确权制度并不影响其收益水平, 即在任意给定的参与率下, 高校的决策都是稳定的; 当职务发明人以 $q<\frac{I_B}{V_1+V_P+\delta A-\delta V-\delta V_P+\theta V}$ 的概率参与分割确权时, 高校的策略选择从实行分割确权策略向不实行分割确权策略演化;

当职务发明人以 $q>\dfrac{I_B}{V_I+V_P+\delta A-\delta V-\delta V_P+\theta V}$ 的概率参与分割确权时，高校的策略选择则从不实行分割确权策略向实行分割确权策略演化。

通过分析鞍点 $\left(\dfrac{I_A}{I_A+\delta V_P+\delta V-\theta V-\delta A},\ \dfrac{I_B}{V_I+V_P+\delta A-\delta V-\delta V_P+\theta V}\right)$ 表达式可知，在其他参数值保持不变的情况下，δ 值增大，鞍点水平向左并垂直向上移动，此时，在各参数的值不确定的情况下，无法判断博弈系统收敛于不良锁定状态（0，0）的区域 $O_3A_3Q_3B_3$ 面积和收敛于理想状态（1，1）的区域 $D_3A_3Q_3B_3$ 面积的变化情况，无法判断系统收敛于理想状态的概率是增大还是减小。因此，无法判断 δ 的值增大，是否有利于高校和职务发明人的博弈系统朝理想状态演化（见图 4-4）。

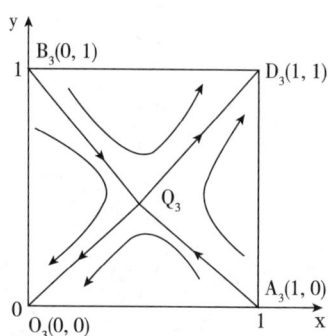

图 4-4 高校与职务发明人演化博弈的动态复制相位图

在其他参数值保持不变的情况下，I_B 的值增大，鞍点垂直向上移动，系统收敛于理想状态（1，1）的概率减小。这说明，高校推行分割确权制度的成本 I_B 的值增大，不利于高校和职务发明人的博弈系统朝理想状态演化。

在其他参数值保持不变的情况下，V_P 的值增大，鞍点水平向左并垂直向上移动，系统收敛于理想状态（1，1）的概率增大。这说明，V_P 的值增大，有利于高校和职务发明人的博弈系统朝理想状态演化。

在其他参数值保持不变的情况下，A 的值增大，鞍点水平向右并垂直向下移动，系统收敛于理想状态 (1, 1) 的概率减小。这说明，A 的值增大，不利于高校和职务发明人的博弈系统朝理想状态演化。

在其他参数值保持不变的情况下，V_1 的值增大，鞍点垂直向下移动，系统收敛于理想状态 (1, 1) 的概率增大。这说明，V_1 的值增大，有利于高校和职务发明人的博弈系统朝理想状态演化。

二、结果讨论与启示

高校实行分割确权制度所产生的效果是高校与职务发明人相互作用后的结果，其过程也是高校与职务发明人在相互博弈的选择过程。通过对高校与职务发明人群体策略的演化博弈分析可以得出，高校与职务发明人的策略选择向理想状态（实行，参与）演化的概率主要受到分割确权比例 δ，高校推行分割确权制度的成本 I_B，实行分割确权后，由于发明人受到激励增加了在成果转化中的努力程度而增加的成果转化收益 V_P 等因素的影响。从分割确权制度变迁的视角来看，高校实行分割确权制度需要得到职务发明人的支持，而职务发明人是否积极参与从某种程度上反映出该制度的实施效果，且只有当高校分割确权合理且与职务发明人的执行态度一致时，分割确权制度的作用才会得到发挥。

结合前文研究和本节结论，得出以下几点启示：

第一，对于高校而言，作为非营利性组织，其绝大部分专利产出来源于国家财政支出。因此，作为专利权人，高校推行职务科技成果权属混合所有制改革首先应明确一个基本前提，即高校专利商业化的根本目标应是最大限度实现公共利益最大化，这不仅决定了价值导向，更是一个战略层面的前提。其次内部系统中环境和能力要素也不容忽视，它们是高校与职务发明人的策略选择的重要变量，包括高校自身的管理能力、产出能力以及职务发明人的素质等。在上述前提下，高校实行分割确权制度需考虑与职务发明人间的权益平衡，兼顾公平原则，激发职务发明人的积极性。同时，建立完善的科技成果转化制度，保障双方技术权益，降低商业化风险，促成科技成果商业化的实施；给予高校分割确权一定的自由度，以吸引企业投资转化。

第二，对于职务发明人而言，其参与程度是高校推行职务科技成果权属混合所有制改革能否成功的重要基础。参与积极性的激励最根本的在于强化对高校分割确权制度的认知度，而这赖于职务发明人自身的素质水平。素质水平的高低直接决定了职务发明人对于创新价值导向的认识，进而决定了其能否客观评价分割确权制度，权衡成本与收益，并做出选择。当然，职务发明人自身的素质水平与内部系统中环境和能力要素息息相关。因此，在推行职务科技成果权属混合所有制改革过程中，应强化宣传力度，并通过培训不断提升内部系统人员对改革的认识与管理能力，推动内部系统通过深化合作促进高校专利商业化。

第五章

高校专利商业化战略实施的驱动策略研究

从高校专利商业化现状分析可知，在相当长一段时间内，质量问题是国内高校专利商业化战略必须面对的现实。这既是对过去战略目标偏差所必须承担的结果，也是造成目前国内高校专利商业化绩效较低的关键原因。因此，如何通过完善质量管理驱动高校专利商业化战略实施应是当下的重要策略选择。同时，由于质量参差不齐，导致当下国内高校专利商业化战略的实施模式也多种多样，这里既有组织层面的不同模式，也有收益层面的不同模式，选择何种模式对于处于不同商业化环境和具备不同商业化能力的高校而言至关重要。基于此，本章将从质量视角下的实施机制、实施模式选择两个视角讨论如何驱动高校专利商业化战略实施。

第一节　高校专利商业化战略的实施机制分析

一、专利质量与专利商业化

戴维·特里克在其所撰写的《什么是质量》一文中指出，从根本上来说，质量要回答两个问题，即"希望得到什么？"和"如何得到？"他把质量定义为"质量就是要维持经营"。基于此质量内涵，本书认为强调高校专利质量管理同样是为了解决两个问题：一是如何通过质量管理促进高校专利转化以实现创新效益，以平衡创新投入与产出并支撑高校创新驱动区域经济社会发展的使命；二是如何构建一套行之有效的机制去实现专利质量的有效管控，以强化后端专利产出与创新效益之间的正向关联关系，而非强调前端研发投入与专利产出之间的正相关性。同时，笔者认为，与创新效益相关联的专利质量管理更多是基于宏观创新质量的范畴，微观的专利质量管理很难覆盖影响专利转化的各类创新举措。

（一）创新质量与创新效益

关于创新质量的内涵，经历了从"研究质量"到"创新质量"的演变过程。Garfinkel（1990）将研究质量定义为研究的技术性质量、研究的影响力、与企业经营业务的相关性和适时性。Juran（1992）则将其定义为研究职能所提供的信息和知识的特征满足用户要求的程度。关于创新质量，Prajogo（2008）从最终产品或服务的质量、运作创新的过程质量两个方面进行了界定。Haner（2002）则认为创新质量包括产品和服务质量、过程质量和经营质量三个维度，并认为其是创新绩效在"潜能""过程"和"结果"每个领域的总和。杨幽红（2013）对国外相关文献进行了系统梳理，认为创新质量是一种大质量观念，其管理不仅要关注顾客需求，还需要同时关注相关方，不仅要注重内部创新质量管理，还要注重与外部信息交换与资源利用。综合来讲，从创新质量内涵的演变来看，创新质量与创新效益之间存在着紧密的关系，而创新质量本身是一个过程性的概念而非针对创新价值链条的部分环节。对于创新质量管理，应密切关注利益相关者的相关需求，强化协同创新与管理。

（二）专利质量管理与高校专利商业化战略实施

相关性分析表明专利与创新的密切度高达93.4%[①]，作为我国高校科技创新的重要产出，专利质量管理是创新管理的重要内容。刘运华（2015）认为，专利质量不是非白即黑的，而是一个灰色的价值判断区间。现阶段我国要提升专利质量，需要服务机构、行政机关、司法机关各负其责，推动形成高质量申请、高质量授权、高质量控制的良性运行。徐明（2018）则强调专利质量是一个动态的、持续性的概念，其贯穿专利创造、专利申请、专利审查、专利授权与专利收益等各个环节，是一个多元体系下予以综合考量的概念。从有关专利质量的研究来看，其管理内涵继承了创新质量管理的基本框架。进一步地，程德理（2014）从法理层面分析发现大学的社会功能及其运转机制决定了大学教师的非市场化行为规则，并指出提高专利质量和完善管理机制是提高转化率的关键因素。张毅（2016）也认为，专利管理体制不适应是影响高校专利转化的首要因

---

① Feldman M P, Florida R. The Geographic Sources of Innovation: Technological Infrastructure and Product Innovation in the United States [J]. Annals of the Association of American Geographers, 1994, 84 (2): 210-229.

素,他还指出专利质量是健全专利转化机制的重要因素。综上所述,提出了如下专利质量管理与高校专利转化的逻辑关系。从图5-1可知,专利质量管理全面继承了创新质量关于"大质量"管理和"过程性"的内涵要求,在管理过程中,强调了技术创造和技术应用两大关键环节的质量管理要求以及健全运行机制(突出"大质量"管理理念下的协同管理)对于专利转化正向作用创新效益的重要性。

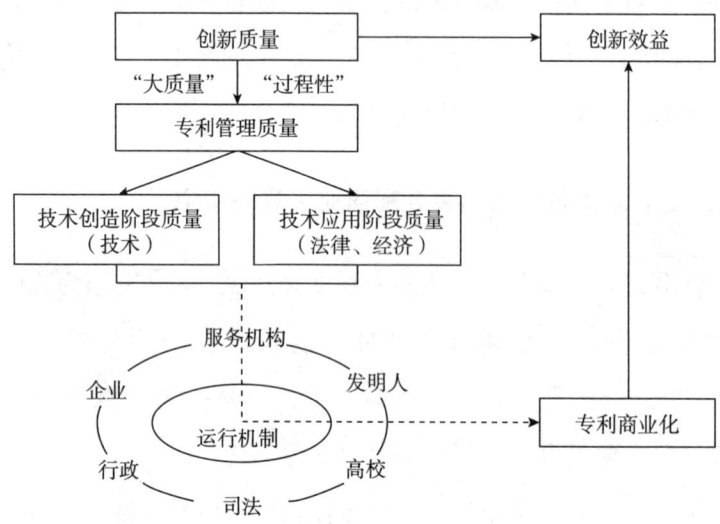

图5-1 专利质量管理与高校专利商业化的逻辑关系

二、质量视角下的管理机制分析

(一)管理机制的构建

在明确了专利质量与专利商业化之间的关系的基础上,应从动力驱动、公共治理、服务保障和网络治理四个方面建立相应管理机制。

1. 动力驱动机制

创新生态系统强调构建一种协同整合的机制,其中,各类创新主体、中介服务机构以及创新环境是其重要组成要素,共生演化是其核心特征[1]。目前,我国高校创新生态系统的建设还很不完善,协同以及共生演化的创新格局还远未达成,创新与市场需求的偏离导致创新系统各构成要素之间很难形成"生态性"关联,无法为高校专利商业化提供必要的机制和环境保障。此外,在行政管理模式主导下知识产权运行体制下,制度束缚依然是影响高校创新生态的重要因素。激励政策在驱动高校专利数量大幅增长的同时,也在某种程度上扰乱了高校创新与市场共生演化的生态环境。基于此,高校应尽快完善动力驱动机制,夯实专利质量管理的基础。

动力驱动机制是创新的动力来源和作用方式,是能够推动优质、高效的专利质量管理并为实现专利成功转化提供激励的一种机制。其运行的最优状态在于驱动形成以专利商业化为核心的各类利益相关者组成的、共生共演的创新生态系统。要打造有效的动力驱动机制,首先要在高校培育面向经济和社会发展的创新价值观,并积极破除制约高质量专利申请的法律与制度束缚,推动高校形成基于创新全链条的专利管理意识形态和价值体系。

2. 公共治理机制

政府是我国专利质量管理的重要主体,法律、政策工具是其核心手段。专利审查部门可以通过改变检索现有技术文件的程度来控制专利审查质量以及最终的授权专利质量[2],但这也造成了很多学者将专利质量下降归因为专利审查部门对审查专利申请的质量控制不严格[3]。尽管我国的审查流程与质量监控体系已经建立,但受到政策效应和审查负担加重的影

---

[1] Adner R. Match Your Innovation Strategy to Your Innovation Ecosystem [J]. Harvard Business Review, 2006, 84 (4): 98-107, 148.

[2] 周璐,朱雪忠. 基于专利质量控制的审查与无效制度协同机制研究 [J]. 科学学与科学技术管理, 2015, 36 (4): 115-123.

[3] 文家春. 专利审查行为对技术创新的影响机理研究 [J]. 科学学研究, 2012 (6): 848-855.

响，审查质量与效率仍然偏低①。强化对专利代理机构的监管是政府管控专利质量的一大抓手。但我国专利代理服务行业无论是在人才专业素质、服务能力还是在行业诚信水平等方面都还存在很多不足②。尽管政府部门先后颁布实施了《专利代理机构服务规范》以及新修订的《专利代理条例》，但政策成效在短期内很难实现。基于此，政府部门应进一步完善公共治理机制，优化高校专利质量管理的监管环境。

公共治理机制是创新的重要调节手段，是通过法律、政策举措来实现引导和调控专利质量管理并促进专利商业化的一种机制。其运行的根本目的在于通过建立法制以及监管体系来确立导向并管控风险。政府是公共治理机制的实施主体，实施对象包括科技管理部门、代理服务机构和专利审查机关。公共治理机制的有效运行首先需要科技管理部门建立科学的政策制定程序，强化资助、评价等导向性政策对创新价值体系的正向影响；其次要建立严格的法律规范和规则体系以督促代理服务机构提升专业服务能力并防控执业道德风险；最后是完善以业务能力培养和质量管理体系构建以及应用工具优化等为核心的专利审查软硬基础设施建设。

3. 服务保障机制

《2017年中国专利调查报告》公布的数据显示，只有20.5%的高校和科研单位建立了专门知识产权管理机构，专利管理主体分散、管理模式混乱。大部分高校专利管理各环节缺乏相应的内部监督机制，在技术可专利性分析、技术披露时机的选择、专利维持时间的判断、代理服务机构的遴选、专利实施方式和价值的评估以及专利实施主体的审查等关键管理节点存有影响创新价值有效传递的重要隐患。除了高校自身服务能力不足之外，来自高校外部的代理服务和公共服务保障能力也还不健全。

---

① 毛昊. 中国专利质量提升之路：时代挑战与制度思考 [J]. 知识产权，2018 (3)：61-71.
② 张炜. 改革开放与中国专利代理行业的发展 [J]. 专利代理，2018 (4)：24-29.

高素质、高水平的代理服务人员不足仍是长期制约我国中介服务体系建设的关键。公共服务保障方面，支撑我国高校专利商业化的公共服务保障体系已初见雏形，但体系建设在功能定位、服务机制和模式以及服务能力等方面还很不完善，尤其知识产权运营交易服务还处于摸索阶段[①]。基于此，各类主体应强化服务保障机制，为支撑高校专利质量管理营造健全的服务环境。

服务保障机制是创新的重要支撑，是由面向创新全链条的一系列政策、组织、平台、项目、资金等单元组成的以服务价值创造、价值提升和价值实现为宗旨的一种机制。其由高校服务、代理服务和公共服务三部分组成。要有效运行服务保障机制，首先，应明确高校在其中的核心位置以及功能定位，致力于通过建立专业管理机构驱动高校内部创新服务体系的完善，尤其是培育创造环节的价值生态。其次，在营造健康的公共治理环境基础上，代理服务需要强化行业自律并提升业务能力，其是保障高校专利质量管理、推动专利商业化的关键主体。公共服务体系除了应尽快完善相关平台的运行机制和服务模式并提升服务能力之外，推动以公益化服务、人才培养以及服务信息媒介等关键功能定位的形成也至关重要。

4. 网络治理机制

关系网络被视为共同创造价值和开放式创新的源泉[②]，针对专利文献的研究发现，潜在合作关系网络比现实的合作关系网络更为普遍[③]。针对国内专利许可关系网络的实证研究发现，在技术转移活动中，企业发挥着主导性作用，个人（非职务发明）是专利技术输出的首要来源，而高校

---

① 贾辰君. 论我国知识产权公共服务供给的现状和改进 [J]. 科学管理研究，2015，33（2）：5-8.

② Romero D, Molina A. Collaborative Networked Organisations and Customer Communities: Value Co-creation and Co-innovation in the Networking Era [J]. Production Planning & Control, 2011, 22 (5-6): 447-472.

③ 温芳芳. 基于专利权人—分类号耦合分析的潜在合作关系网络研究 [J]. 情报学报，2016，35（12）：1265-1272.

的参与程度相对较低①。目前，我国高校专利商业化大都运行在以重大科技攻关项目、大学科技园、技术转移中心和校企共建研发中心等为载体的正式关系网络当中，非正式关系网络支撑下的专利商业化活动并不多，而研究发现，非正式关系网络能够提升技术转移数量和效果、简化技术交易流程并有利于触发多次技术转移活动的发生②。基于此，高校应强化网络治理机制的建设，疏通技术信息的交流通道，通过在网络环境下的专利质量管理提升专利商业化效率。

网络治理机制是创新要素流动的基础，由建立在利益相关者之间的正式和非正式关系网络组成，是通过强化利益相关者之间的知识溢出、人才交流、资金流动等信息互通并以实现价值共创为目标的一种机制。网络治理机制的有效运行需要营造积极健康的社会环境以鼓励产学研之间的私人、公共关系的建立和获取，政策引导在其中的作用至关重要。在价值共创的目标导向下，网络治理机制本质上更加强调服务意识，而服务保障机制在推动各类关系的形成方面应发挥核心作用。专利质量管理需要高校秉持更加开放的理念去主动融入甚至构建有利于专利商业化的关系网络，其中发明人关系网络是一个重要突破口。

（二）结果讨论与启示

高校专利质量管理是一个系统工程，国外高校在法律制度和专业服务机构等要素的驱动下已经建立了一套成熟的管理模式，更重要的是培育形成了专利质量管理高效运行所需要的创新生态环境。我国高校专利质量管理还处于摸索阶段，在专利质量管理过程中，既存在阻碍创新各环节价值

---

① 温芳芳. 基于专利许可关系网络的技术转移现状及规律研究 [J]. 情报科学, 2014, 32 (11): 24-29.
② 赵杨, 李露琪. 国内外学术社交网络研究现状述评与思考 [J]. 情报资料工作, 2016 (6): 41-47.

传递的结构性问题，也存在基础治理功能不完善而导致的系统性问题。在深入分析国外专利质量管理成功经验的基础上，本节提出我国高校专利质量管理应满足"大质量"管理和"过程性"的内涵要求，重点从动力驱动、公共治理、服务保障和网络治理四个方面建立相应管理机制，并强调机制运行过程中协同性要求的重要性以及机制运行对于专利商业化的正向性作用。为支撑高校专利质量管理，推进高校专利商业化战略实施，笔者提出以下三点建议：

第一，高校应充分把握我国大力推进供给侧改革和知识产权强国建设的历史机遇，积极转变科技管理理念，重视不同利益相关者需求，强化服务意识，构建专业化专利管理机构，将专利质量管理嵌入到创新价值实现的各个环节，打造健康、可持续的质量管理价值支撑体系。政府部门应探索更具活力的专利资助、奖励或补贴政策体系，引导高校及其科研人员在专利创造、管理和运用环节积极开展对外协同。在关乎高校、科研人员以及科研管理人员发展评价方面应突出专利质量的影响，最大限度地解除质量管理对专利商业化的各种法制障碍。在法律框架内，高校也应大胆变革，在绩效评价和激励政策方面有所作为。

第二，将打造关系网络作为高校专利质量管理的重要内容，完善组织功能设置和政策设计，强化代理服务机构和公共服务平台在促成高校与不同利益相关者之间的信息交互与合作中的关键作用，降低专利管理过程中的信息不对称造成的影响。同时，充分发挥高校发明人在技术认知方面的优势，鼓励其积极参与专利管理尤其是专利商业化活动，逐步建立起高校的专利发明人关系网络。

第三，将提升服务能力和公共治理效率作为支撑高校专利质量管理的重要抓手。代理服务机构应强化行业自律并提升业务能力，尤其应与客户之间建立信任关系，提升客户满意度。公共服务平台应尽快完善针对高校专利的服务体系构建和功能定位，激励和支撑高校强化专业人才培养以及技术信息与资源对接。高校应积极建立与代理服务机构、公共服务平台等外部合作以强化内部服务体系建设，尤其要尽快提升内部监督与审查能力。针对代理服务机构和专利审查机关的公共治理方面，政府部门应以完善立法为基础，严格政策制定程序，构筑代理服务执业风险防控体系，优化专利审查质量管理体系，全面提升公共治理水平和效率。

三、质量视角下的政策体系分析

（一）政策体系的分析框架

如前所述，专利质量是专利商业化的基础。从专利的产生过程来看，专利质量由发明质量、申请质量和审查质量共同决定。此外，高质量的专利是企业等创新主体在市场机制作用下追求经济效益的必然需求。可以说，市场需求也是刺激专利质量提升的重要因素。因此，为充分发挥政策的激励及引导作用，提升专利质量的政策体系应当包括提升发明创造质量的政策、提升专利申请质量的政策、提升专利审查质量的政策和刺激高质量专利市场需求的政策四个方面。政策工具是组成政策体系的元素，是由政府所掌握的、可以运用的达成政策目标的手段和措施。提升专利质量的政策正是通过各种政策工具的设计、组织、搭配及运用而形成的。不同的政策工具对专利相关行为的作用方式不同，根据作用方式的不同可将这些政策工具分为供给型、需求型和环境型。其中，供给型指政府通过对人才、信息、技术、资金等的支持改善创新相关要素的供给，推动专利创造和实施。环境型指政府通过税收制度、法规管制、宣传推广等政策影响专利创造和实施的环境因素，为技术创新等专利相关活动提供有利的政策环境，间接影响并促进专利的发明、申请和实施。需求型指政府通过采购与贸易管制等措施减少市场的不确定性，积极开拓并稳定新技术应用的市场，从而拉动技术创新和专利商业化实施。综合来看，供给型工具更多地表现为政策对专利相关行为的推动力，需求型主要表现为对专利行为的拉动力，环境型起间接的影响作用。提升专利质量政策体系的政策对象、主要内容和可选择的政策工具类型具体分析如下：

1. 提升发明创造质量的政策

发明创造质量主要是指发明创造的技术水平。提升发明创造质量的政策主要以企业、高校、科研院所和个体发明人等创新主体为政策对象，重点关注提升科技创新能力、提升创新主体发明创造积极性以及完善发明创造条件等内容。在政策工具的选择上，就提升创新主体创新能力和积极性而言，通常较多采取供给型工具，如人才培养、信息服务、教育培训等，也可以采取目标规划等环境型工具和资质认定等需求型工具；就完善发明创造条件而言，通常较多采取研发补贴、融资支持等供给型工具。

2. 提升专利申请质量的政策

专利申请质量主要指以专利申请文件为载体、以专利申请文件撰写水平为基础的专利技术质量和专利法律质量。专利申请文件的质量具体表现在文字用词和语法的精确性、权项组合的逻辑性、权利要求与说明书的关联程度、说明书中引用的现有技术等。提升专利申请质量政策主要以专利申请人、专利代理人和代理机构等为政策对象，围绕引导正确的专利申请动机、调控适当的专利申请成本和提升专利申请代理水平等内容进行政策设计。就专利申请动机和成本的引导以及调控而言，通常可采取供给型工具如费用资助、融资支持等，环境型工具如法规管制、目标规划等，以及需求型工具如资质认定等；就提升专利代理水平而言，通常可采取人才培养、教育培训、信息服务等供给型工具和法规管制、宣传推广等环境型工具。

3. 提升专利审查质量的政策

Burke 和 Reizigh（2007）将专利审查质量界定为专利审查部门对专利

授权的技术质量标准对专利做出的一致性分类①。从专利审查的角度，高质量专利要求授权的专利权利要求边界清晰、保护范围适当，并且授予的专利权权利稳定。由此可以看出，审查标准是影响专利审查质量的主要因素之一。同时作为专利审查行为的结果，专利审查质量不可避免地受到专利审查人员能力、专利申请人/代理人与审查人员之间的互动，以及专利审查资源条件等因素的影响。因此，以专利审查行为主体为政策对象的提升专利审查质量的政策应当围绕审查标准的完善、审查人员能力提升、审查资源合理配置，以及畅通审查人员与专利申请人/代理人互动渠道等内容进行研究设计。通常情况下，提升专利审查质量的政策可采取人才培养、资金支持、信息服务等供给型工具和法规管制等环境型工具。

4. 刺激高质量专利市场需求的政策

较高的专利质量是获得较高专利效益的基础，而较高的专利效益为专利质量的提升提供动力。刺激高质量专利市场需求政策旨在通过繁荣专利市场促进专利价值实现，提升专利效益，从而刺激创新主体追求高质量专利，进而形成专利质量与效益之间的良性循环。加强专利市场建设是刺激高质量专利市场需求的前提和基础。专利市场建设主要包括专利市场环境氛围的营造与市场活动的鼓励和监管两个方面。因此，政府应当围绕加强专利保护、促进专利金融发展、推动专利运营等内容研究设计相关政策。通常来讲，人才培养、融资支持、信息服务等供给型工具，政府采购等需求型工具，以及税收优惠等环境型工具可用来鼓励专利市场活动的开展；同时，法规管制等环境型工具可用于营造专利市场环境氛围和监管专利市场行为。

---

① Burke P F, Reitzig M. Measuring Patent Assessment Quality: Analyzing the Degree and Kind of (in) Consistency in Patent Offices Decision Making [J]. Research Policy, 2007, 36 (9): 1404-1430.

(二) 我国相关政策现状分析

1. 专利政策基本情况

利用"北大法宝 V6"检索系统,以"专利""知识产权"为检索词,进行全文精确检索,笔者共检索到专利相关政策 49846 条。为保证专利政策筛选的可靠性和代表性,笔者遵从以下原则:首先,检索范围限定在政府机关颁布的行政法规、部门规章、地方性法规、地方政府规章和地方规范性文件;其次,政策必须是现行有效的。最终,笔者筛选出 2008~2019 年颁布的,且直接与专利相关的中央政策性文件共计 476 条,其中国务院颁布 3 条,各部委制定印发 440 条,其他机构部门颁布 33 条。在此重点针对筛选出的 2008~2019 年的 476 条政策进行分析。

2. 分析框架和方法

本书从政策工具和政策影响专利行为类别两个维度对我国专利政策进行分析。Rothwelli (1986) 提出,创新政策是一种政策工具与多种配套政策的组合,是政府用以刺激技术进步和经济发展的手段[1]。根据 Rothwell 和 Zegveld (1985) 的思想,本书对检索到的 476 条专利政策进行政策工具挖掘,并分析政策对发明创造、专利申请、专利审查、专利市场活动等行为的关注程度。若政策为单一工具,则仅有一个编码;若政策涉及不同的工具组合,则按照"政策编号—具体条款/章节"进行编码。同理,若政策可能影响单一行为,则仅有一个编码;若政策涉及多种行为,则按照"政策编号—条款/章节"进行编码。运用文本挖掘和定性分析方法,本书统计分析了我国专利政策的政策工具分配情况和可能影响不同专利行为的政策分配情况。

---

[1] R. Rothwelli. Public Innovation Policy: To Have or to Have Not? [J]. R&D Management, 1986 (16-1): 25-36.

3. 数据分析

如图 5-2 所示，2008~2019 年我国专利相关的政策数量除部分年限出现小幅度下滑外，大体呈现上升趋势，分别于 2011 年、2013 年、2016 年出现三个峰值。以 2014 年为分水岭，我国专利相关的政策数量呈现两阶段性提升。这主要与我国于 2008 年起实施的《国家知识产权战略纲要》密切相关，从中可以看出政府各项任务有序推行，并在推行过程中对部分工作及时做出调整，总体上对专利工作的重视程度显著提升。

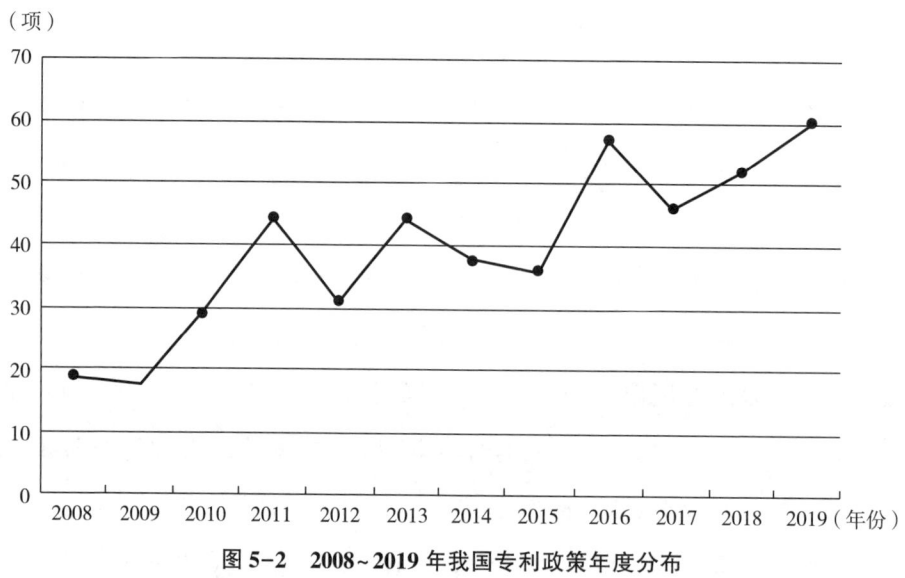

图 5-2　2008~2019 年我国专利政策年度分布

2008 年是全面贯彻党的十七大精神的第一年，也迎来了改革开放 30 周年，更是大力实施知识产权战略、加快建设知识产权强局的关键之年。紧紧围绕大力实施知识产权战略和加快建设知识产权强局，进一步加强干部和人才队伍建设，完善专利法律法规体系，不断提升专利工作综合能力，着力推进信息化建设，推动知识产权事业又好又快发展。《国家知识产权战略纲要》是国家的总体发展战略，站在国家知识产权事业发展顶层设计的高度，对当前我国面临的形势和挑战进行了概况，确定了指导方针，明确了战略重点和重大举措，提出到2020年我国成为知识产权创造、运用、保护和管理水平较高的国家的宏伟目标。

2013年，是我国知识产权事业发展的又一个重要节点。这一年，恰逢《国家知识产权战略纲要》颁布实施5周年，各项知识产权工作按照年初的计划，有序实施，成效卓然。知识产权创造在数量大幅增长的基础上，质量得到进一步提升。为提高专利申请质量，国家知识产权局出台《关于进一步提升专利申请质量的若干意见》，优化有利于提升专利申请质量的政策导向，建立有利于提升专利申请质量的监管机制。2014年，国家知识产权局组织实施《2014年全国专利事业发展战略推进计划》，加强重点督办，效能督查，确保实施成效；继续稳步提升专利质量，落实《关于进一步提升专利申请质量的若干意见》，引导各地方结合实际调整资助政策和考核评价指标体系，严把受理和审查质量关，进一步提升专利申请和授权质量。

如表5-1所示，2008~2019年，我国专利政策主要采取的政策工具包括教育培训、公共服务、资金投入、目标规划、人才激励、宣传推广、税收优惠、行政执法、法规管制、示范工程、资质认定等。供给型、需求型、环境型政策工具均有涉及。统计结果显示，占比最多的是环境型（67.55%），最少的为需求型（13.12%）。在环境型中，目标规划（40.01%）和法规管制（37.55%）运用最多；在供给型中，公共服务（45.88%）和人才激励（30.82%）运用最广；在需求型中，示范工程（62.23%）最为常用。如表5-2所示，2008~2019年，我国现有政策影响专利市场行为的数量最多（49.60%），其次是影响专利申请的政策（34.00%），影响专利审查的政策数量最少（8.00%）。

表 5-1 政策工具分配情况

单位：%

工具类型	工具名称	小计	占比
供给型	公共服务	45.88	19.33
	人才激励	30.82	
	资金投入	15.41	
	教育培训	7.89	
需求型	示范工程	62.23	13.12
	资质认定	37.77	
环境型	目标规划	40.01	67.55
	法规管制	37.55	
	行政执法	20.78	
	宣传推广	1.33	
	税收优惠	0.33	

表 5-2 影响不同专利行为政策分布

专利行为	政策数量（项）	占比（%）
发明创造	42	8.40
专利申请	170	34.00
专利审查	40	8.00
专利市场	230	49.60

进一步对比分析 2008~2013 年与 2014~2019 年的专利政策可以发现，影响发明创造行为的政策中主要采取的政策工具包括人才激励、教育培训、宣传推广等，其中人才激励所占比例最高，分别为 58% 与 55%，2014~2019 年出现小幅度下降；具体措施主要是针对有效专利、发明人等的评奖评优。影响专利申请行为政策运用的政策工具主要包括教育培训、法规管制、资金投入等，其中目标规划、资金投入等使用较多，占比均超

过20%；具体措施包括资助专利申请费用、政府考核评价中使用专利指标、资质认定或项目评价中使用专利指标等。2014~2019年，涉及专利资助、绩效考核、资质认定等的门槛逐步提高，减少或取消对实用新型、外观设计的申请资助，更加强调对高质量专利的认可。影响专利审查政策数量相对较少，政策工具主要包括教育培训、公共服务、人才激励和法规管制，其中法规管制占比最高，分别为40%与43%，2014~2019年相关政策数量有所提升；具体举措包括完善审查标准，建立重要专利审批快速通道等。影响专利市场活动政策中运用最多的是行政执法，分别为76%与78%，2014~2019年相关政策继续增加；具体举措包括打击专利侵权，加强专利维权，提升执法人员能力，规范专利实施许可、质押等活动，提升企业专利运用能力，支持专利运营等。

综上所述，关于我国专利政策的制定情况可以得出以下初步结论：①专利政策总量总体保持平稳增长趋势，部分年限的小幅度波动主要为国家政策导向的过渡与调整阶段，可见，我国注重使用政策性方法推动专利事业发展；②从政策工具维度来看，我国专利相关政策多以环境型和供给型政策工具为主，需求型政策工具使用较少，且近5年来注重对知识产权保护环境的营造与市场环境的培育；③从影响专利行为的政策数量来看，前期以推进专利申请为主，近5年更加强调专利的实际运用与保护，对于发明创造、专利审查的政策也在逐年增加。

目前我国正逐步形成以提升专利质量为核心的政策体系，但仍需进一步优化与完善。从上述政策体系的四个方面来看，我国仅针对专利申请质量提升通过政策制定明确了相关目标和路径。作为提升专利申请质量政策的核心，《关于进一步提升专利申请质量的若干意见》重点针对专利申请动机不当、申请意识和布局能力不足及申请代理服务质量不高等问题提出意见。作为全国推行范围最广、资金投入最多的政策，专利资助政策也已从对专利申请的普遍资助，开始转向重点对发明专利申请或授权给予资助，从而促进专利质量的提升。从提升发明创造质量来看，我国现行的关注提升创新主体发明创造能力、创新积极性及创新资源条件的政策主要集中在科技和教育政策中。专利政策中涉及发明创造行为的主要是通过评选优质发明、奖励发明人等措施激励创新主体开展高质量发明创造的积极性，鼓励和表彰专利权人和发明人（设计人）对技术（设计）创新及经济社会发展做出的突出贡献，引导和推进知识产权工作对供给侧结构性改革、加快建设创新型国家、推动高质量发展发挥重要作用，如《中国专利奖评奖办法》（2018年修订）等。从提升专利审查质量来看，我国相关政策主要关注审查标准的统一和完善及审查人员能力的提升。其中，《专利审查指南》详细规定了我国专利审查的流程和标准等内容，现已经过多次修订。此外，为提升专利审查质量，国家知识产权局还建立了审查质量评价体系，设立了专利审查投诉平台。从刺激高质量专利市场需求来看，我国并没有出台专门的政策对专利市场建设进行整体谋划，现有政策主要集中在通过加强专利保护而营造良好的市场氛围，直接与市场活动相关的政策并不多。

基于提升专利质量的视角，我国专利政策仍然存在以下不足：①从提升专利质量的角度出发，现有政策作用较为分散，缺少顶层设计；②目前专利政策大多通过人才激励提升发明创造积极性，难以支撑发明创造质量的全面提升；③专利申请资助政策工具的具体运用仍有改善空间，主要包括资助范围和对象的合理划定、资助申请的审批程序过于简单等；④专利审查相关政策在数量上明显偏少，缺少专利审查质量管理相关政策；⑤直接引导和支持专利商业化实施、建设专利交易市场、规范专利市场行为等相关政策数量严重偏少，对专利价值实现促进作用不足。

（三）结果讨论与启示

提升专利质量是一项系统工程。单纯针对专利质量形成中的某一环节或某一专利质量的影响因素而通过政策加以刺激,都不能达到提升专利质量的最优效果,因此,应当以提升专利质量为核心,从整体出发进行谋划,整合资源,全面协调专利质量提升工作,通过提升创新能力、提升专利申请意识布局能力、提升专利服务水平、提升专利审查质量、拓展专利价值实现路径等措施提升专利质量,促进专利质量与专利效益之间良性循环的形成。高校作为科技创新的主要来源之一,存在"重数量轻质量""重申请轻实施"的突出问题,因此,更应通过完善政策体系,推动高校专利质量提升,促进高校科技成果转化。

一是加强刺激高质量专利市场需求政策研究。从有效提升专利质量的角度出发,鉴于专利质量与专利效益之间的辩证关系,建议加强专利市场建设、刺激高质量专利市场需求的政策研究,重点探讨知识产权交易市场建设、知识产权金融发展、知识产权服务业发展等有利于繁荣专利市场的具体举措,进而为专利质量提升提供强劲的拉动力,推动创新链、产业链、资金链精准对接。

二是合理运用资助资金投入政策工具。鉴于我国现有科技政策、教育政策等已经对创新能力培育和提升提供较多支持,建议专利政策中的资助资金投入重点运用于创新主体专利运用能力的培育和提升,以及支持高质量专利市场化活动的开展。优化科研项目结题、职称评定、绩效考核、奖励申报、创新城市建设、高新技术企业认定等专利资助奖励的政策导向和评价指标,从对申请、授权的资助奖励逐步向加大对转化实施的奖励进行转变和调整;逐步建立健全职务科技成果披露制度,赋予科研人员职务科技成果所有权或长期使用权;突出转化运用导向,倒逼高校知识产权工作的优化和提升。

三是通过实施高质量专利培育工程,将政府资金投入到支持专利产出和实施的整个过程,以针对发明人、代理、运营等服务机构组合的政策支持逐步代替针对单独相关主体的资助政策。将高校专利工作融入到科技创新的全过程，使得知识产权工作贯穿科研项目立项、实施、验收以及成果转化。在科研项目研究的不同阶段，开展专利导航、专利布局、专利挖掘和高价值专利培育等工作，加强专利信息分析利用；项目结题后，加强专利运用实施。加强专业化机构建设、技术经理人培养，支持高校设立知识产权管理与运营基金；建立知识产权全流程管理机制，使得科技创新与知识产权相互促进，形成高校科技创新体系与科技成果转化体系的有机融合。

四是完善提升专利申请前评估、专利审查质量政策作为专利确权的关键环节，完善的专利申请前评估程序、申请后审查程序、合理的申请前评估标准、申请后审查标准对专利质量的最终确定具有不可忽视的影响。建立高校专利申请前评估制度，开展专利申请前评估，确定评估机构与流程、费用分担与奖励等事项，对拟申请专利的技术进行评估，以决定是否申请专利，组建高校专利申请前评估的专业化机构和人才队伍。深入研究完善提升专利申请后审查质量的政策，涉及专利审查程序、内容和标准，专利审查人员能力提升、业务指导，以及专利审查质量管理、评价等相关内容。

第二节　高校专利商业化战略的实施模式分析

一、高校专利商业化组织机制的选择

专利价值实现的核心在于满足市场需要，而在以学术导向为主的高

校，无论是意识形态还是政策引导，都不同程度地导致高校专利与市场脱节。随着专利商业化市场活跃度的不断增强，越来越多的国外知名知识产权运营机构强势进驻中国，尽快寻求有效方式破解高校专利商业化不畅的难题、培育国内高校在专利商业化方面的核心竞争力迫在眉睫。如何推动专利商业化，需要从市场的角度重新审视中国高校专利商业化的组织机制与影响其选择的对应机制，确立更符合高校专利特色和市场规律的专利商业化模式。

（一）市场导向下组织机制的考量

1. 市场导向的概念界定

随着对市场需求关注度的不断提升，会有更多的主体进入高校专利商业化系统，高校的协同创新能力会得到不断的提升，技术创新模式也会逐渐从内部创新向合作创新转变。专利商业化模式构建则会逐渐引入外部因素，强调利用外部资源拉近高校专利与市场的距离。因此，本节确立了通过不断引入外部因素，以市场为导向，引导高校专利商业化组织机制的优化，推动高校专利商业化战略的实施。

2. 市场导向影响组织机制选择的作用机理

针对具体的专利商业化组织机制，市场导向的作用特点主要表现为合作创新主体的增多、内外部资源的彼此融通、协同创新能力的增强以及专利商业化绩效的提升四个方面。在专利商业化组织机制选择方面，市场导向的影响途径分为三个层面：一是动力层面，即对专利商业化动力产生影响，比如高校的创新氛围以及科研人员的商业化意识等；二是传导层面，即通过对高校内部的政策制度、信息平台等传导因素产生影响，实现内部技术资源与外部产业化资源的连通，以利于技术的中试以及运营资金的获取；三是实施层面，即通过作用专利商业化过程中的实施主体以及实施对象来影响专利商业化，比如引入更专业的实施人员参与到高校专利商业化、借助创新服务模式达成不同层级高校内部技术资源的充分利用等，如图 5-3 所示。

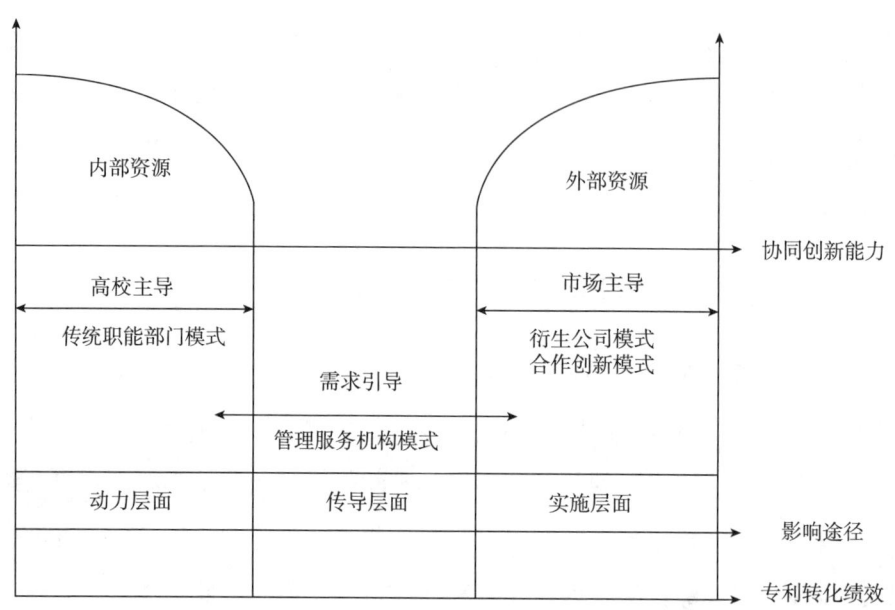

图 5-3 市场导向影响高校专利商业化组织机制选择的作用机理

3. 高校专利商业化的典型组织机制

专利商业化是高校与产业界之间技术资源流动的重要渠道。著名的三螺旋进化网络模型认为各创新主体（大学、产业、政府）间形成相互关联结构最有利于创新活动的开展。其后的网络组织理论也认为"网络是各种行为主体间在交换资源、传递资源活动过程中发生联系时而建立的各种关系总和，而区域创新网络的形成对于高校技术转移至关重要"[①]。在某种程度上，不同高校专利商业化组织机制的发展进程既是技术转移网络的形成过程，也是高校不断面向市场需求、提升技术价值的过程。

---

① 盖文启. 创新网络：区域经济发展新思维 [M]. 北京：北京大学出版社，2002.

一是传统职能部门模式。在知识经济时代，社会服务职能对于高校的发展越来越重要。但从专利商业化来看，由于专利基础薄弱，人员、资金储备不足，体制、机制不健全等原因，中国大多数高校是科技处在承担专利商业化的职能，欠缺专业的人才与发展规划，专利商业化大多以企业先介入为主，而科技处一般只从中承担科技统计方面的工作，专利商业化工作开展较为被动，专利商业化绩效较低。

二是管理服务机构模式。管理服务机构模式是伴随着高校专利商业化意识的提升以及区域发展定位的明确而产生的，它开启了高校专利联通市场的一扇窗口。比如江苏大学培育与运营中心、浙江大学科学技术研究院等。该模式为引入外部主体参与专利商业化，获取市场需求、技术中试与资金支持提供了便利。在该模式下，高校与地方政府、企业以及中介机构建立了广泛的合作关系，形成了区域专利技术转移网络，极大地拓展了技术推广范围，专利商业化绩效显著提升。

三是衍生公司模式。衍生公司包括校办企业和合办企业两种。影响高校公司化专利商业化模式最重要的因素是缺乏专业人才，这也是促使校办企业向合办企业转变的重要原因。衍生公司一般依托于高校管理服务机构，比如依托于江苏大学培育与运营中心的江苏汇智知识产权服务有限公司。随着发展，合作创新模式（科技园或创业孵化中心）会催生更多衍生企业，技术转移绩效也会更高，比如依托于上海理工大学国家大学科技园的上海理工技术转移有限公司。在该模式下，高校科研人员一般直接参与衍生公司的运作，在技术方面有很好保障的同时，企业化运作模式也拉近了技术与市场的距离。

四是合作创新模式。合作创新模式主要是以国家技术转移中心或国家大学科技园为载体，以产学研合作或官产学研合作为基础，通过与政府、企业以及服务机构的协同合作共同促进高校专利商业化。比如江南大学技术转移中心入选科技部第三批"国家技术转移示范机构"，平台提升使得专利商业化模式的内涵得到极大延伸，专利商业化参与主体也更加多元化，通过与政府、企业的合作，江南大学有效地实现了优势互补，专利商业化绩效显著提升。

4. 专利商业化组织机制典型模式对比分析

不同的专利商业化组织机制有不同的特点，一般情况下，其与高校自身所处的环境以及资源条件是相匹配的。随着高校创新工作的不断发展，专利商业化的组织机制会有不同的具体表现形式，具体各模式的对比分析如表 5-3 所示。

表 5-3　高校专利商业化组织机制典型模式对比

典型模式	具体形式	优点	缺点
传统职能部门模式	校企直接合作	合作门槛较低； 转化操作简单	规模小、层次低； 相关法律欠缺
管理服务机构模式	专利转移中心； 中试基地； 工程/工业技术中心（研究院）	收益回报较快； 有利于高校研发的自主性	市场化经验不足； 企业参与度不高； 经营能力有限； 收益回报较少
衍生公司模式	技术有限公司； 科技园发展有限公司； 技术转移工程公司； 技术成果转移有限公司	技术转移风险低； 研发支持保障性高； 对研发人员的激励效果较好； 对技术、市场发展有控制权	经营风险大； 研发人员市场经验不足； 影响研究人员的价值取向； 时间跨度较长
合作创新模式	国家技术转移中心； 大学科技园	国家政策优越； 产业集群效应突出； 平台效应突出； 专业化水平高，信息交流畅通	利益分配机制不健全； 外部政策环境不健全； 资源不足； "软"服务能力有待提升

5. 专利商业化模式典型演化路径分析

每所大学都有自身的特质，适用的专利商业化模式各有相同，需要投入的资源也不相同。本书基于专利商业化典型模式的特点分析以及需求导向对高校专利商业化模式的作用机理分析，可知，影响高校专利商业化的原因主要有四点：一是专利商业化动力，二是技术中试能力，三是资金实力，四是实施水平，它们主导了当前高校专利商业化模式的选择与演化（见图5-4）。表5-4为四种典型的专利商业化组织机制的演化路径，分别适用于具有不同发展水平和特征的高校。

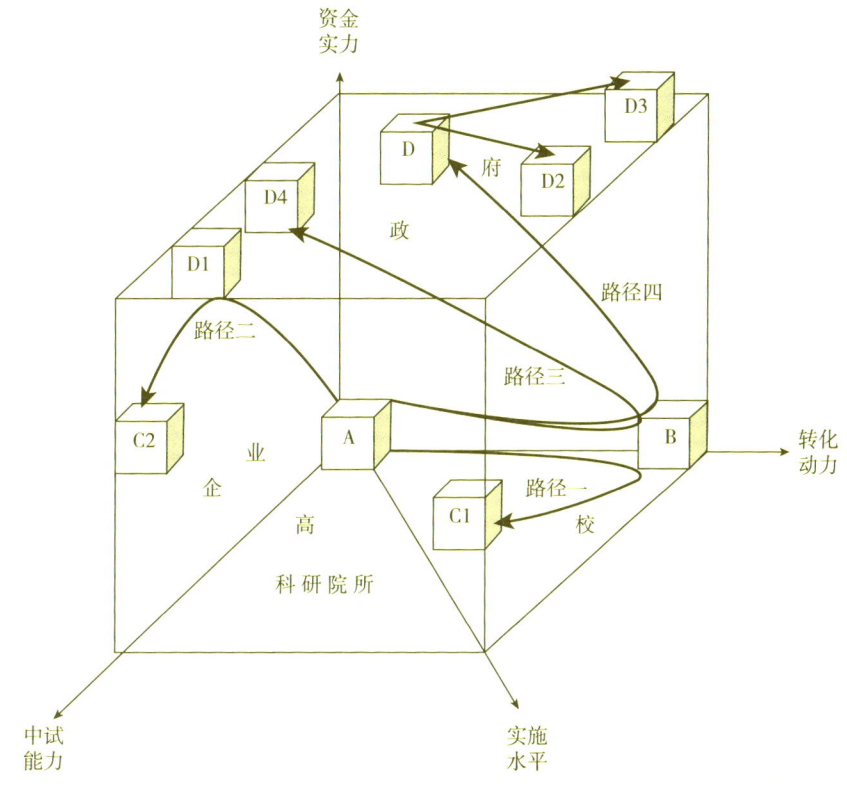

图 5-4　高校专利商业化典型模式演化路径

注：A表示传统职能部门模式；B表示管理服务机构模式；C1表示自办企业；C2表示高校、企业合办企业；D表示合作创新模式；D1表示大学科技园模式；D2表示地方研究院模式；D3表示国家技术转移中心模式——地方技术转移中心；D4表示校企（地）联合研发中心。

路径一适用于技术创新能力一般且创新资源有限的高校，但在个别技术领域，科研人员往往具备市场化意识和动力，且能够产出一定数量的专利。随着内部需求的推动，高校会成立相关的管理服务机构或技术转移中心来提升自身的技术创新实力和社会影响力。比如技术研究院以及中试基地等。为了更好地促进高校专利商业化，同时推动创新人才培养，高校还会依托自身特色学科，通过成立校办企业来推动高校专利商业化。

路径二适用于具备一定平台或产学研合作基础且科研实力较强的高校，通过与政府合作建立大学科技园或与企业建立产学研合作，并依托科技园资源条件成立校办企业或以技术入股的形式成立合办企业进行专利商业化。合作创新模式为高新技术企业孵化、创新创业人才培养以及产学研合作提供了专业的服务平台。

路径三和路径四适用于与政府、企业有良好合作关系的高校，依托管理服务机构，通过建设地方研究院、地方技术转移中心以及校企（地）联合研发中心等形式与政府、企业建立合作，促进科研成果向企业与区域扩散。同时，随着国家与高校创新发展定位的转变，高校会更多介入区域技术市场，并实现了管理服务机构模式向合作创新模式的转变，比如很多校级技术转移中心被认定为国家技术转移中心。

表 5-4　专利商业化组织机制演化典型路径对比

典型路径		优点	缺点	高校适用要求	典型案例
路径一	传统职能部门→管理服务机构→自办企业	门槛低；技术转移道德风险低；研发能力强	经营能力有限；不易把握市场需求；产权不明晰；管理、激励体制不完善	技术创新能力一般；具备个别可产业化的技术点；人员具备一定程度的运营动力	方正集团；华控通力科技有限公司
路径二	传统职能部门→大学科技园→合办企业	地方政府支持；产业可集群化；专业的中介机构	对资金、人力资源和技术的依赖性高；合作目标导向单一；利益分配机制不健全	建有或参与大学科技园区；技术创新方向与区域发展较为匹配；高校技术与企业发展战略相符	南京理工大学科技园股份有限公司；上海同济科技园有限公司

续表

	典型路径	优点	缺点	高校适用要求	典型案例
路径三	传统职能部门→管理服务机构→校企地联合研发中心	便于市场化；信任度高、纠纷少；有利于学科建设与人才培养；有利于提升企业创新能力	对企业技术水平和资金投入要求高；技术方向不协调；信息沟通不畅；体制改革不力	产学研合作意识较强；有优势地学科支撑；技术交流及共享机制健全	江南大学—天辉服饰产品技术中心；清华—莱士血液制品高科技创新联合研究中心
路径四	传统职能部门→管理服务机构→地方研究院/技术转移中心	地方政府支持；高校技术转移渠道增多；长期稳定发展	对高校技术管理能力要求较高；缺乏完善的法律体系，容易导致技术纠纷	政、学关系紧密；立足服务地方经济；技术管理人员储备充足	中山大学深圳研究院；江南大学吴江分中心

(二) 组织机制选择的影响因素及演化模型

1. 组织机制选择的影响因素

高校专利商业化组织机制的选择主要受到三个层面因素的影响，即基础层、介质层和核心层。如图 5-5 所示，首先，基础层包括区域环境、高校特色和校园氛围三个方面，主要解决商业化动力的问题。区域环境是指政府通过政策引导、资助项目考核等方面推动高校专利商业化。高校的办学特色与理念则决定了专利商业化工作在总体发展中的基础位置，而校园氛围有助于促动创新资源之间交互作用进而产生联动效应，从而提升专利商业化绩效。

其次，介质层包括政策制度、组织架构、经济条件和信息平台四个方面。该层次主要承接基础层，面向高校专利商业化过程中的技术中试和资金环节。政策制度是以区域环境和高校发展特色为前提而形成的服务专利商业化的基础介质元素。而与专利商业化相关的组织架构和信息平台为技

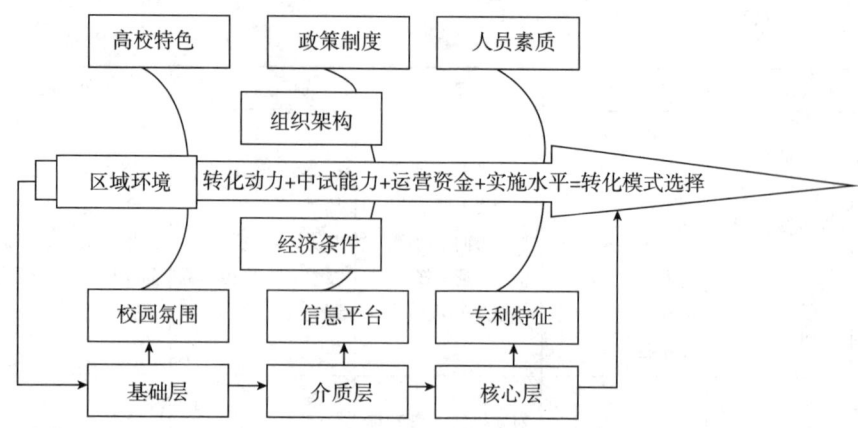

图 5-5 高校专利商业化组织机制模式影响机制

术中试模式的选取和获取资金来源提供支持。作为区域创新的重要主体，基础层面的区域环境将会使得高校组织架构和信息平台的功能逐渐向校外延伸，进而为高校技术中试能力的提升以及资金的获取提供更多途径，如图 5-6 所示。

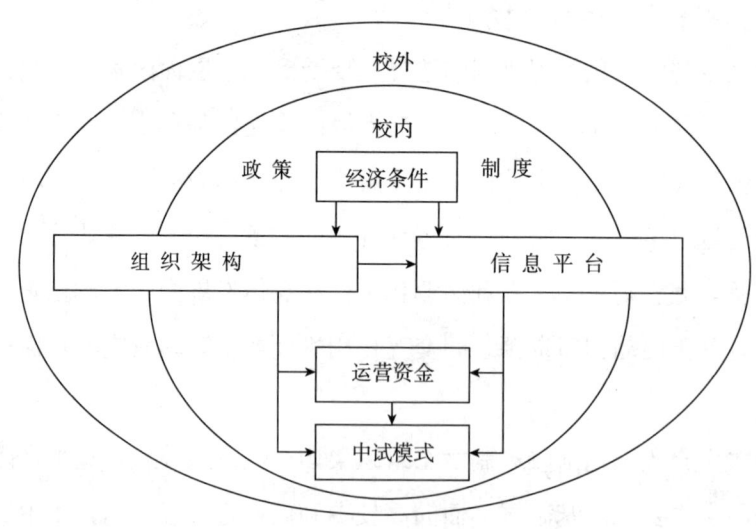

图 5-6 介质层体系介绍

最后，核心层包括人员素质和专利特征两个方面，主要面向高校专利商业化的实施层面。缺乏专业从业人员是制约专利商业化的核心要素之一，也是影响商业化模式流畅、高效运行的关键。专利特征主要包括专利数量、结构与质量等，其在一定程度上决定了高校专利商业化的预期水平；高校的专利特征是决定高校专利商业化组织机制是否适用的一项重要标准。

市场导向为高校专利商业化组织机制的选择指明了方向。通过基础层面的环境识别与意识引导，传导层面的市场介入与瓶颈突破，实施层面的要素整合，实现了高校技术资源与市场产业化资源的有效融合。但在具体层面，不同专利商业化组织机制之间是如何演化的，演化过程又呈现出怎样的阶段性特点，需要进一步的探讨。

2. 组织机制选择的演化模型

高校专利商业化的组织机制的演化可划分为四个阶段，即初始阶段、萌芽阶段、成长阶段和稳定阶段，如图 5-7 所示。

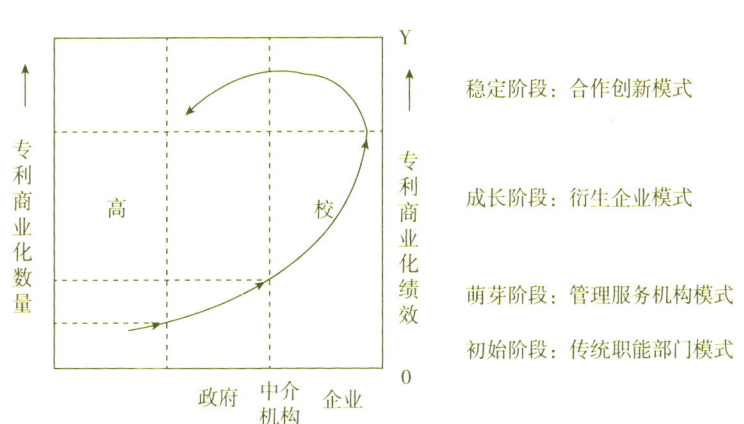

图 5-7 高校专利商业化组织机制选择模型

在初始阶段，高校的技术创新能力较弱，拥有的专利数量有限，转化动力较弱，外部主体被引入或主动介入的意愿与需求均较小，专利商业化活动由高校主导，一般以传统职能部门模式为主，专利商业化绩效较低。

在萌芽阶段，高校技术创新能力和专利商业化动力有了一定提升，专利商业化活动开始由高校主导向外部主体转移，尤其政学合作是该阶段的重要特色，且一般以管理服务机构模式为主，专利商业化绩效有了一定提升。

在成长阶段，高校个别领域的技术创新能力和专利商业化动力有了显著提升，且专利商业化活动由企业主导，专利商业化市场导向性较强，信息沟通也更通畅。该阶段以衍生企业模式为主，专利商业化绩效也出现了显著提升。

在稳定阶段，高校专利商业化体系渐趋完善，以产学研和政产学研为载体的技术合作模式很好地解决了技术、资金与市场之间的结合问题。该阶段以合作创新模式为主，专利商业化绩效将达到最优并趋于稳定。

(三) 结果讨论与启示

高校专利商业化没有固定的组织机制，组织机制的选择与演化要与高校现阶段的发展特点以及发展定位相吻合，识别关键影响因素并做出合理、有效的判断。

1. 高校专利商业化组织机制的选择应注意各环节的衔接

高校专利商业化组织机制的选择受诸多因素的影响，各类因素在高校不同发展阶段的作用大小各有不同。只有统筹这些影响因素，做到各环节的有效衔接，才能保证机制持续、健康、有效地运行。而高校专利商业化组织机制本身在形成过程中需要遵循客观规律，既需要政策环境的支持，也需要创建相应管理体系，而人员与专利本身等核心要素更需要与其他要素有效组合才能规避专利商业化过程中的潜在风险，避免造成不必要的资源浪费。

2. 高校专利商业化组织机制的选择应结合高校自身的发展状况

专利商业化工作应当与高校的发展定位相符合,同时应关注高校管理者在资源配备、政策以及中长期发展规划制定等方面的作用。Siegel 等(2015)研究发现大学管理者对技术转移的支持程度能够显著影响大学技术转移的效果。因此,专利商业化组织机制的选择应充分考虑高校管理者的建设性影响。此外,尽管不同的高校专利商业化组织机制之间的转换存在典型路径,但其发展必须结合高校自身的发展优势才能取得最优的实施效果。高校专利商业化组织机制的发展进程其实是不断面向市场需求的过程,当必要条件成熟时,其完全可以实现跨越式的发展,而不必遵循特定的发展路径。

3. 高校应注重协同创新与专利商业化组织机制的有效融合

协同创新是指各组织行为主体或资源主体基于共同目标,通过构建充分发挥各自优势、资源和能力的共享平台和分享机制,进行深层互动、互补、互助、互融创造新生事物的过程和活动。协同创新所强调的不同人员之间、人员与主体之间以及主体与主体之间的合作创新不仅有利于技术创新,对于技术质量的提升及技术与市场的结合均有很好的促进作用。因此,高校应加强协同创新模式与技术转化过程的有效融合,在专利商业化组织机制构建过程中充分利用协同创新资源,实现创新到价值实现的突破[①]。

二、高校专利商业化收益方式的选择

(一) 专利技术特征对收益方式选择的影响

为破解高校专利商业化率低的世界难题,国内外学界开展了高校专利

---

① 孙大龙,郭锋,李超凡等. 协同创新对高校专利技术转化的影响 [J]. 知识产权,2014 (2):88-90.

商业化影响因素、组织机制以及政策措施等方面的研究（Bradley，2013；张平，2011；袁晓东，2014；Thursby，2007），主要停留在政府、高校、企业等转化主体层面，对于"具有何种特征的专利技术采取什么样的商业化收益方式更容易成功"这一问题，目前还很少有研究。

在实践中，高校专利商业化的收益方式有三种基本的主导模式：许可、转让（技术作价入股）、创办企业。这里的"创办企业"有两种理解：一是指创办企业生产和销售基于专利技术的产品或服务，二是创办企业用于专利的推广、许可或转让到现有企业生产基于该专利技术的产品或服务。这样一来，创办企业也可以认为是许可或转让目的。为了方便后面研究，本书将两者统称为"新创企业"，将前者定义为"创办企业生产"。本节中关于专利商业化收益方式的判定，如果专利是通过新创企业实现商业化，那么就被认为是通过新创企业而获益的；如专利没有通过新创企业并且发明人或大学仍持有所有产权，那么就被认为是通过许可而获益的；如专利技术没有通过新创企业，并且发明人和大学也不具有产权，那么就是通过转让而获益的。

影响收益方式选择的因素有很多，如专利技术特征、发明人投入程度、市场需求等。有学者认为高质量专利是专利商业化的根本，应重点考虑技术适用性、复杂度和成熟度等技术特征[①]。Thursby 等（2007）认为发明披露的意愿、专利技术突破性和专利技术领域影响专利商业化。也有学者认为技术经济价值、突破性、被保护的范围、技术类型、技术的特殊性和缄默性、市场导向六方面影响了专利是否构成创业机会的概率[②]。而产业技术体制理论强调技术机会、创新独占性、技术累积性和科学研究基

[①] 武建龙，王宏起，陶微微. 高校专利技术产业化路径选择研究［J］. 管理学报，2012（6）：884-889.

[②] Shane, Scott. Technological Opportunities and New Firm Creation［J］. Management Science, 2001, 47（2）：205-220.

础等特征影响了创新活动与转化模式①。专利勘探理论和资产互补性理论者认为高校专利商业化实施必须投入互补性资产（袁晓东，2014）。当这种资产具有价值获取的讨价还价能力时，专利商业化者最佳战略之一就是占有或获取具有重要地位的互补性资产②。吴灿英（2006）研究证实了市场不确定性、技术不确定性对专利商业化有负面影响。李正卫等（2011）也证明了专利的技术激进度、技术不确定性和技术重要性均对专利的实施具有负面影响。Atul Nerkar等（2007）研究认为"发明专利的使用范围、突破性特征和专利年限"三个技术特征影响专利商业化选择。Fred Pries等（2011）认为受知识产权等法律保护、市场不确定性、技术动态性和配套资产是影响新技术转化实施的特征。综上所述，本节将重点讨论专利技术质量、技术成熟度、互补性资产、不确定性四个专利技术特征属性对专利商业化收益方式选择的影响。

1. 专利技术质量对收益方式的影响

本书从发明本身特征和专利制度赋予的权利考量专利技术质量。发明被授权的标准就是"新颖性、创造性和实用性"，其核心是对在先专利的突破程度。《专利法》赋予专利权的内涵中最重要的两个属性是专有性（或独占性）和地域性（或被保护范围）。结合文献分析，笔者与5位涉及知识产权、技术、产业和管理四个领域的专家进行了座谈。通过研讨和分析，最终选取独占性、被专利保护的范围、突破性作为专利技术质量的表征指标。笔者认为，专利技术质量越高独占性越强、专利保护范围越广、突破性越大。独占性指创新者保护创新和阻止模仿的能力。弱独占性、纯市场安排会有重建合同的风险和独占性风险。在这种情况下，

---

① Malerba F, Orsenigo L. Schumpeterian Patterns of Innovation are Technology-specific [J]. Research Policy, 1996, 25 (3).

② Lippman S A, Rumelt R P. The Payments Perspective: Micro-foundations of Resource Analysis [J]. Journal of Strategic Management, 2003 (11): 903-927.

Teece 认为科层制治理体系要比市场治理体系来得更有效。强独占性支持运用市场治理结构商业化技术①。被专利保护的范围是指专利声明中所陈述的范围②。专利保护的广度越宽,就越能阻止潜在竞争者的跟踪模仿③。Shane(2001)研究认为企业更倾向投资转化受保护范围较广的专利。刘月宁认为,新发明的作用域越强,越能广泛应用于多个市场且较容易进入市场。突破性是指一项技术与该领域中在先进技术的不同程度。Hobday 等的研究认为,突破性技术有利于进入市场。专利开创性特征为企业提供了更多具有学习曲线和先发优势的可能。因此,本书提出如下假设:

H5.1:专利质量越高,通过许可实现专利商业化的可能性越大。

2. 专利技术成熟度对收益方式的影响

技术成熟度是指技术在生命周期中的成熟程度④。由美国航天局(NASA)于 1995 年首次提出并应用于航天领域,之后美国科学技术协会标准化为 TRL 九级评价指标。国内外高校对专利技术成熟度更多的是分级和评价,很少被引入到治理体系研究中。武建龙等(2012)认为,技术成熟度是影响高校专利商业化的重要因素。笔者认为,高校专利技术更基础,企业则面向市场,因此,企业通过专利许可和转让等形式直接获得高校相对成熟的专利成果,对一些成熟度较低的技术进行合作研发。因此本书提出如下假设:

H5.2:专利技术成熟度越高,通过许可或转让实现专利商业化的可能性越大。

---

① Fred Pries, Paul Guild. Commercializing Inventions Resulting from University Research: Analyzing the Impact of Technology Characteristics on Subsequent Business Models [J]. Technovation, 2011 (31): 151-160.

② 田莉,薛红志. 新技术企业创业机会来源:基于技术属性与产业技术环境匹配的视角 [J]. 科学学与科学技术管理, 2009 (3): 61-68.

③ Atul Nerkar, Scott Shane. Determinants of Invention Commercialization: An Empirical Examination of Academically Sourced Inventions [J]. Strategic Management Journal, 2007 (28): 1155-1166.

④ 樊霞,胡军燕,赵丹萍. 中小企业渐进性创新技术属性及其产学研合作模式选择 [J]. 中国科技论坛, 2010 (8): 20-25.

3. 互补性资产对收益方式的影响

与专利相关的互补性资产,包括技术性互补资产和商业性互补资产(袁晓东,2014),具体包括制造能力、可以利用的分销渠道、专业知识销售队伍、售后服务支持能力、配套技术等。Gans 等认为专用性互补资产对于技术转化至关重要[①]。Kitch 运用专利勘探理论和资产互补性理论解释了高校专利商业化过程中遇到的阻碍。Teece 认为,专利技术若不需要互补性资产就能商业化,那它可立即转化,反之则需通过购买或一体化方式获得,再进行转化。若互补性资产是专有的,则该企业通过市场治理体系方式获取。相比于通用性资产,专业化互补性资产表现出创新对互补性资产的单边依赖[②]。也有学者认为,当新发明的互补性资产较强时,为了减少获得专用性互补资产的成本和风险,发明者将选择与专用互补性资产提供者建立联盟,共同转化。M. Ceccagnoil 等认为企业拥有互补性资产的专用性程度决定企业选择合作战略还是竞争战略[③]。Gans 等认为专业化的互补性资产增加了市场治理的成本,因为这些资产的提供者需要一个补偿生产价值损失的附加费防止合同关系被终止后被重新调整到安排他用。因此,这种情况需要科层制治理。因此,本书提出如下假设:

H5.3:互补性资产越重要和专业化,通过转让实现专利商业化的可能性越大。

4. 不确定性

不确定性给专利商业化制造了不少困难。这里笔者根据 Souder 等学者对不确定性的分类,将不确定性概括为市场不确定性和技术不确定性两

---

① 刘月宁. 基于属性分析的新兴技术商业模式设计框架研究 [J]. 现代管理科学,2017 (5):46-48.
② 李泓桥. 创业导向、互补性资产对突破性创新的影响机制研究 [D]. 北京交通大学博士学位论文,2014.
③ 薛红志,张玉利. 互补性资产与既有企业突破性创新关系的研究 [J]. 科学学研究,2007 (1):178-183.

个维度（吴灿英，2006）。技术不确定性主要是技术发展的不可预测性。表现在：技术的可变性和新技术的不稳定性；市场不确定即市场需求是不确定的。主要有：顾客需求的不确定性或模糊性和市场发展的不可预测性，这是由于缺乏市场相关信息及对市场了解不够造成的。Wolter等的研究证明不确定性为新技术转化选择市场还是科层制治理体系上提供了矛盾的证据（刘月宁，2013）。因此，本书提出如下假设：

H5.4：市场或技术不确定性越大，通过新创企业或转让实现专利商业化的可能性越大（见图5-8）。

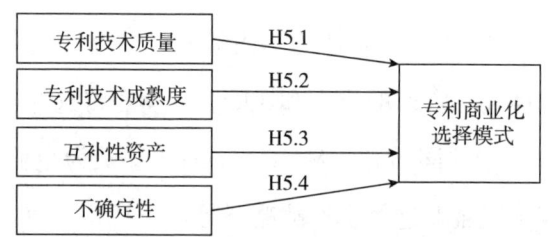

图 5-8　专利技术特征影响专利商业化收益方式的概念模型

（二）实证分析

为了把政策环境、经济环境、创新环境、风险资本等作为不变量，笔者调研了来自属于宁镇扬都市圈的南京、镇江三所高校有实施转化的高校专利发明人，共计206人，最终回复168人，有效回收率81.6%。这种选择小范围的调查研究成本低，也被经常使用。Agrawal、Henderson和Shane同时研究麻省理工学院科技创新和成果转化，Colyvas等也用此方法分析剑桥和斯坦福两所大学的科技创新和成果转化。本节使用SPSS软件进行统计和假设检验。

1. 量表设计

专利技术特征测量的量表设计是借鉴了Shane、Gans等、Schilling和

Steensma、Fried 和 Paul、樊霞和吴灿英开发的量表而形成的（见表5-5）。

表 5-5　专利技术特征测量量表

维度	题项	文献来源
专利技术质量	·专利能有效阻止模仿和跟踪	Gans 等（2002）
	·主要的类似创新替代物基本不存在	Schilling 和 Steensma（2002）
	·具有突破性特征	Freeman（1977）和 Shane（2001）
	·满足并占有多个市场	Fried 和 Paul（2011）
专利技术成熟度	·属于实验室环境下验证的技术	Dod（2011）
	·属于模拟环境下验证的技术	
	·属于实际技术成果在实际运行环境中得到试验验证	
互补性资产	·以下资产对于专利商业化很重要：制造能力、分销渠道、销售队伍、售后服务能力、配套技术、其他（特殊的）	Gans 等（2002）
	·以下资产对于专利商业化需要定制：制造能力、分销渠道、销售队伍、售后服务能力、配套技术、其他（特殊的）	
不确定性	·能满足用户需求	Schilling 和 Steensma（2002）
	·一定时间内没有新的竞争者	Bstieler（2005）和 Wu（2006）
	·不久的技术进步很有可能在短时间内使得其没有价值	Schilling 和 Steensma（2002）
	·有相对较长的生命周期	

2. 变量表征

专利技术特征的四个维度为本书的自变量。每个指标用 5 分量表，从非常不同意到非常同意。用克朗巴哈系数法计算每个自变量的可信度（见表5-6）。值域超过 0.70 为好的可信度，低值超过 0.60 被认为是可以接受的。所有值超过这个更低值域。互补性资产通过两个系列指标来说明：重要性和专用性。假如互补性资产很专用但对商业化不重要，它们就不可能对商业模式选择起作用。因此，只有专门（定制）的重要的互补性资产才是本书选用的。创建测量方法 SPECCA，测量值为 1 是在互补性资产既重要又是定制的，表现在量表里面都是 5 分。SPECCA 值为 0，那么说明既不重要也无须定制。这种测量方法 Gans 等使用过。

表 5-6　自变量的信度分析

变量	克朗巴哈系数
专利技术质量	0.821
专利技术成熟度	0.879
不确定性	0.683
互补性资产	N/A

因变量是专利商业化模式，即许可、转让、创办企业。转化模式的分类主要通过新创企业还是已有公司和对技术的知识产权所有权进行。这是一个引起市场—层级制连续统一体的转折点。因变量的题项设计见表 5-7。

表 5-7　因变量维度与题项

维度	因变量题项
专利商业化企业	1. 通过专利发明人创办新企业实现商业化 2. 通过其他人创立新企业实现商业化 3. 通过现有企业实现商业化 4. 其他 以上如选 1，那么创办企业的目的是： 1. 生产和销售该专利技术的产品或服务 2. 将专利推广到可以生产和销售该新产品或服务的其他企业 3. 其他（请说明）
专利所有权收入	我或我的大学的权利通过以下方式获得收入： 1. 固定的许可费或顾问费 2. 基于产品销售的提成 3. 在转化公司的资产权（股权、股票份额、股利等） 4. 我没有权利获得此发明的收入 5. 其他（请说明）

两个控制变量：发明人所属学科门类和发明所处阶段。发明人所属学科门类利用费舍尔精确检验 2×2 列联表（生物医药学、农学/其他发明人 vs 创办企业生产/其他转化模式）统计显著（p=0.01）。发明所处阶段利用费舍尔精确检验 4×3 列联表，非统计显著（p=0.57）。

3. 统计分析

采用描述性统计和多元逻辑回归进行分析并开展检验假设，笔者发现通过创办企业生产产品或服务转化的有 92 个，许可的有 36 个，转让的有 40 个。其中，29%的发明通过许可的治理体系实施，71%的发明则通过新公司生产产品或服务或者是新公司推广专利实施许可或转让进行转化。从中发现，专利商业化最终还是应用到产品或服务中占大多数，从侧面反映了中国利用专利实施交叉许可等策略或战略还不够。在此通过创办企业转化的比例相对平时统计数据或政府报告要高了很多，一部分原因可能是创办企业转化被统计少了，这与 Audretsch 等的研究相一致，另一部分原因是在创办企业中不是所有的企业都生产该专利技术产品。在创立的 120 个企业中，有 28 个（占 23%）通过许可或转让到现有企业中生产。这部分创办的企业实施专利商业化反映出"技术"营销和"点子"营销。

进一步通过多元逻辑回归检验假设（见表 5-8），因变量的参照类别为许可转化模式，代表了市场结构。用逐步向前包含程序识别模型中的变量。互补性资产变量由于在治理结构上没有显著性，所以不包含在最后的模型中，因此，没有支持提供给 H5.3。最终的模型提供了一个适合给定有限的样本大小的数据。从基础模型检验的对数似然值的变化的卡方检验的零假设，所有的 Logistic 回归系数除了常数都为零。检验为统计显著（$p<0.01$）接受重要的逻辑回归。表 5-9 显示了模型的分类表。模型正确地分类了 67%的情况。然而，模型不能分类一大部分情况，即在选择了创办企业生产产品或服务的基础上再通过转让。技术质量更高的专利选择

许可转化到现有公司可能性更大些。专利技术质量系数是负的，并且统计显著（p<0.05），两种转化模式相对于许可模式与 H5.1 假设一致。技术成熟度越高的专利更有可能通过许可或转让到现有企业实施转化。专利技术成熟度的相关系数是正的，统计显著（p<0.05），两种模式相对于许可与 H5.2 一致。市场和技术不确定性更有可能通过创建公司或转让现有企业来转化。不确定性的相关系数是在预测方向，但是统计不显著。最后，也没有证据证明 H5.4。所以，结果支持 H5.1 和 H5.2，不支持 H5.3 和 H5.4。

表 5-8 多元逻辑回归分析

方式	参数	假设	Coefficient 系数	Wald 卡方值
创办企业生产	专利技术质量	−	−0.9	4.5
	互补性资产	Note1	−	−
	专利技术成熟度	+	0.7	5.2
	不确定性	+	1.2	3.7
	生物医药学、农学		−0.6	0.4
	Constant 常量		−1.3	0.1
转让	专利技术质量	−	−1.1	6.7
	互补性资产	+	−	−
	专利技术成熟度	+	0.9	6.9
	不确定性	+	0.8	2.0
	生物医药学、农学		1.3	1.5
	Constant 常量		−0.2	0.1

注：许可是参考类别；nagelkerke pseudo-square = 0.58；log-likelihood = 53.98；goodness-of-fit×2 = 29.8；d.f. = 8；$p<0.01$。

表 5-9　模型分类表

单位：%

观测值	预测值			
	创办企业生产	许可	转让	正确率
创办企业生产	72	12	8	78
许可	8	24	4	67
转让	20	4	16	40
总体比例	60	24	17	67

(三) 结果讨论与启示

实证研究表明技术特征影响到高校专利商业化的收益方式。特别是结果表明，当专利技术质量较弱时，选择创办企业和转让的可能性比许可更高。企业通过生产基于专利技术的产品或服务可以加速进入市场，取得竞争优势或者采用秘密保护方式保护技术。相反，专利许可要求更高的专利技术质量来获得发明人的收益，而秘密保护或其他方法不一定有效。这与 Shane 发现有相似之处：当专利无效时，技术很有可能会许可回到发明者，从而通过发明者建立新公司实施转化。

本书的研究还建议，当专利技术成熟度越高时，越有可能通过许可或转让实现商业化。虽然互补性资产和不确定性没有直接证据证明假设，但是笔者从调研中发现，互补性资产专用性和重要性越强，共同开发、生产基于该专利技术产品或服务更有效，这样可以减少获得专用性互补资产的成本和风险；市场和技术不确定性越大，创办企业和转让到现有企业更有效，因为企业掌握技术和生产对调整面临的不确定性有更好的能力。相反，当技术广泛被许可，许可和被许可者之间的协调和调整会更加困难。

第六章
新时代背景下中国高校专利商业化战略形成与实施

在当今经济全球化背景下,知识产权成为国家竞争的战略资源,知识产权在国家经济社会生活中具有高度的价值内涵,是市场竞争的焦点。全社会日益深刻认识到,知识产权不只是创新驱动的基本保障,还是维护国家核心竞争力的战略资源。"倡导创新文化,强化知识产权创造、保护、运用",党的十九大报告提出的这一重要指南,为新时代的知识产权工作指明了方向,为构建新时代中国特色知识产权理论体系奠定了基础,为知识产权强国建设作出了总体部署。近年来,以习近平同志为核心的党中央高瞻远瞩、审时度势,聚焦世界发展新格局和国内发展新常态,对知识产权工作高度重视。从 2015 年 12 月,《国务院关于新形势下加快知识产权强国建设的若干意见》正式印发,开启了知识产权强国建设新征程;到 2016 年 5 月,"加快建设知识产权强国"被写入党中央、国务院印发的《国家创新驱动发展战略纲要》;再到 2019 年,正式加速制定面向 2035 年的知识产权强国战略纲要,我国知识产权事业发展正式进入强国战略阶段,全面迈入新时代。

与此同时，作为国家创新体系的支撑和引领，全球社会对于大学创新原动力效应的需求愈发迫切。大学的使命都是围绕知识创新进行的，大学在以知识为先导的创新发展中发挥着重要作用，是一个国家知识创新体系的主体，这是其他任何社会组织都不可替代的。放眼当今世界一流大学，无不将提升知识创新能力作为自身发展的原动力。这种原动力均来自对科学技术、社会发展前进方向的前瞻性判断，大学则遵循科学研究、社会发展的新规律不断进行教育创新。美国大学的变革正值新工业革命风起云涌，现代科学新领域不断突破，以现代科技成果应用为标志，美国迅速成为现代科技、现代工业和经济的世界中心，推动了工业生产方式和科研组织形态等的革命，知识更新速度更快，知识应用更加迫切，推动美国大学从知识创造与知识传承并存向知识创造、知识传承和知识应用并存转化，大学真正成为知识创新（知识创造、知识汇聚、知识传承和知识应用）主体，为美国科技创新提供了强大的原动力。

相较发达国家高校创新体系的驱动作用，国内高校创新的"原动力"效应还远未显现，尤其以专利商业化应用为标志的知识扩散差距显著，对区域和国家经济社会发展支撑力明显不足。国内大学不仅没有与中国经济同步崛起，在国家激励政策的影响下，反而形成了不健康的创新生态，导致国内高校很多专利申请动机异化，引发了专利泡沫。与西方高校动辄几百年的发展相比，国内急功近利的做法显然并不奏效。新时代背景下，全球兴起了新一轮的科技革命，国内经济转型与产业升级正处于关键时期，国家战略层面已经确立了至2035年的知识产权强国战略规划，尽管支撑高校专利商业化的制度环境仍存在诸多堵点，但从科技部推出促进科技成果转移转化工作"三部曲"，到财政部印发《关于进一步加大授权力度，促进科技成果转化的通知》，再到教育部、国家知识产权局、科技部联合发布《关于提升高等学校专利质量促进转化运用的若干意见》可以看出，国家在不断深化政策改革的力度。在高校方面，尽管面临重重阻碍，但随着创新生态环境逐步优化，国内也涌现出了不少专利商业化的成功案例。但总体而言，支撑高校专利商业化的创新生态系统还较为脆弱，生态环境和组织机制都还很不完善，前途依旧步履维艰。

无论是全球形势，还是国内发展，中国高校专利商业化都面临重大机遇，需要抓住契机，积极主动作为，实现转型与突破。科研的本质和终极目标是创新并服务于经济社会发展，但在实现过程中，高校创新的价值远不止于此。作为高校创新服务经济社会发展的重要手段，在新时代背景下，如何通过专利商业化让高校逐渐释放更多原动力，远比最终成功转化几项专利更具现实挑战。从战略层面明确定位，增强使命感，是国内高校的重要突破口。下面，本章将就新时代背景下中国高校专利商业化战略形成与实施过程中应关注的重点进行讨论。

第一节

坚持质量优先，牢牢把握知识产权高质量发展的要求

推动高质量发展从国家层面讲，是保持我国经济持续健康发展的必然要求，是适应我国社会主要矛盾变化和全面建成小康社会、全面建设社会主义现代化国家的必然要求，是遵循经济规律发展的必然要求。从高校层面讲，教育是国之大计、党之大计，投资教育就是投资未来，重视教育就是重视国家的创造力。高校作为人才培养的摇篮、科技创新的阵地、文化传承的高地，承担着培养亿万有素质的普通劳动者、培养更多创新人才和高素质人才的重大使命，在推动高质量发展的过程中发挥着支撑引领作用。充分发挥主阵地、生力军和智囊团作用，在培养优秀人才、推动科技

创新和服务科学决策上下功夫、有作为，才能切实担负起新时代赋予高校的职责和使命。

（一）以使命为基，以战略为本，把握质量内涵

成功的专利商业化是技术、法律和经济三种要素综合作用的结果，但同时，专利商业化整体绩效的评价还需要考虑不同实施主体的发展使命和战略。对于高校而言，坚持质量优先，要先明晰质量的内涵是什么，而这与高校自身的发展使命与战略规划密不可分。在新时代背景下，于高校而言，知识产权高质量发展绝不仅仅体现在专利商业化活动本身在经济领域的延伸，它还应该去关注与专利商业化活动相关的科技人才培养以及其他社会服务领域，而这就要求高校既要重视基础研究，也要重视如何将基础研究落地，在市场领域有所作为。从根本上讲，大学使命决定了高校专利商业化必须确立更宽泛的"质量观"。因为，无论是太过于重视前端的基础研究还是后端的市场化应用，都脱离了大学使命的应有之意，也不利于研究与应用之间的可持续发展。但同时，从美国大学使命的发展历程来看，高校需要跟随时代发展确立更具针对性的发展战略，以满足时代发展的现实需要。当今的中国，正值全面转型的关键阶段，基础研究薄弱、专利商业化能力等不足恰恰说明国内高校没有建立良好的"质量观"。没有高水平的基础研究，盲目申请专利，影响了专利商业化运用的广度和深度；专利大量闲置，没有回笼资金，基础研究缺乏足够的研发投入。久而久之，形成恶性循环，高校质量管理的生态遭到破坏。因此，为推动国内高校专利商业化时，需要高校重新审视自身的使命和战略规划，是否将专利商业化活动置于了更长远的价值定位，并契合了时代的发展，并以此为基础，把握质量的内涵。

（二）强化点面结合，完善质量管理体系建设

坚持质量优先，明确质量内涵是基础，但真正将理念落实到位还需要

高校建立完善的质量管理体系。目前，国内高校专利质量管理体系主要面临两大问题：一是由于对质量内涵把握不到位导致对专利商业化活动的价值导向理解出现偏颇，进而过于强调专利商业化的个别环节，缺乏全流程管理；二是在国内经济转型、亟须产业升级的技术领域，高校没有建立有针对性的质量管控机制，导致高校产出的专利无法提供应有的支撑性作用。

1. 强调价值导向和过程管理，夯实质量管理基础

一是树立健康的价值导向。将大量研发经费投入到基础研究一直是很多国内学者诟病高校专利商业化不畅的重要原因，但事实上，基础研究是一个创造的过程，没有它，也就不会有任何的应用。例如，现代社会对卫星通信到计算机的依赖，这在当时刚发展相关方面的理论研究时并未显示出任何的实际用途。基础领域的投资耗费巨大，短期内难以看到效果，并且存在很大的风险性，国内企业很少涉足。所以，当我们谈论高校时，基础研究的意义则更加重要。作为政府研发投入的重要主体，如果高校需要平衡好长期价值和短期价值之间的平衡，如果处理不好，则高校创新很难具有可持续性，高校也很难履行好国家赋予的使命。就像里根总统所观察到的那样，"尽管基础研究并不始于一个特定的实际目标，当你看到数年来的成果，它最终成为政府最实用的事情之一……主要行业，包括电视、通信和计算机行业，没有开始这项基础研究，就没有它们在今天的发展"。当然，谈论基础研究的一个基本前提是具备一个明确的服务经济社会发展的价值导向，不能因为高校需要去更多承担基础研究的责任就去否定应用研究的价值，从本质上而言，基础研究和应用研究的价值取向是基本一致的。比如，美国国家科学基金会是美国政府支持基础研究的主要单位，其主要关注的就是可能给未来社会带来重大变革的前沿性科学问题，而不是一般的基础学科研究。因此，从这个层面而言，除了基础研究，在国内亟须破解的核心关键技术领域，也需要高校积极确立更微观、更具现实意义的市

场价值导向，这不仅有助于高校科研保持战略层次上的连续性，更重要的是能够驱动高校科研在不断发展中满足经济社会发展的需要。

二是强化过程管理中的质量理念。就像应用研究是基础研究在市场中的延伸一样，只有重视了创新的过程性属性，将质量管理贯穿专利管理的不同环节，有机而非孤立地看待专利商业化活动时，质量管理体系才是完善的。无论是科研人员还是科研管理人员都应系统地看待投入与产出之间的关系，逐渐形成并固化过程管理中的质量观，理性分析阻碍专利商业化的各类问题，客观评价专利商业化绩效，而非一味地与发达国家高校比较，妄自菲薄。

2. 实施专利导航工程，集中优势打好攻坚战

如果说价值导向和过程管理是高校专利质量管理的重要基础设施，那么如何利用好基础设施，推动不同高校依托自身优势切实驱动经济社会发展，实现质量效益，则是新时期高质量发展对高校提出的内在要求。关键核心技术是国之重器，对推动我国经济高质量发展、保障国家安全具有十分重要的意义。尽管近年来我国创新能力取得了长足发展，但关键核心技术的创新能力不足依旧是不争的事实。以集成电路为例，2010年以来，其进口额呈现增长趋势，2018年中国集成电路进口金额为20584.1亿元人民币，同比增长19.8%，逆差突破2000亿美元。2019年，进口金额同比出现了-2.1%的下滑，但进口额仍高达3055.5亿美元。因此，能否利用好自身在创新资源方面的优势，支撑中国产业转型，实现技术追赶甚至赶超是评价高校专利质量管理的客观标准。

专利导航试点工程是国家知识产权局于2013年4月正式启动实施的，该工程强调以专利信息资源利用和专利分析为基础，把专利运用嵌入产业技术创新、产品创新、组织创新和商业模式创新，引导和支撑产业科学发展。试点工程强调发挥专利信息对产业发展决策的引导力，进一步提高产业发展规划、产业运行决策的科学化程度，推动产业布局更加科学、产业

结构更加合理；强调发挥专利制度对产业创新资源的配置力，进一步提高创新资源的利用效率，推动创新资源向产业发展的关键技术领域聚集，使产业形成较强的竞争优势，推动产业价值链竞争地位的不断改善。试点工程的实施以过程管理为基础，面向国家亟须发展的重点产业领域，有助于推动高校建立专利导航科技创新决策机制，提升专利质量，加速高校专利技术向产业的扩散。各高校应立足自身学科优势，在通信、电子设备和精密仪器制造、汽车制造等领域，如半导体材料和制造、超高精度机床、电控汽油喷射系统等国内卡脖子产业中有所作为，通过实施专利导航，不断提升相关领域的技术储备，并强化专利在各产业领域的商业化运用。

第二节

突出转化导向，倒逼高校知识产权管理工作的优化提升

转化既是价值导向的重要组成部分，也是价值实现的重要路径。虽然大部分的高校研究并不是通过专利商业化的手段实现转化的，但在特定的时代背景下，突出转化导向有助于推动高校优化专利商业化相关管理工作，从而帮助高校树立战略思维，更好完成使命。

(一) 完善组织管理机制，构建价值网络

高校专利商业化活动涉及多方利益相关者[①]，高校需要考虑所有可能

---

① 这些利益相关方包括：大学和研究机构（这些机构的员工包括研究人员、技术人员和行政人员）、发明者研究小组和部门、大学毕业生和硕士研究生、研究生和博士后、访问学者、资助人和产业合作者、技术管理办公室（TMO）、国家专利局、资助机构、产业界、政府。

的商业化合作伙伴（例如子公司、现有公司、投资者、中小企业、其他非营利组织、创新支持机构甚至政府），而这有赖于完善的组织管理机制。众所周知，知识产权管理工作专业性极强，专业化管理机构和管理职责的设计对于高校推进各环节知识产权管理工作切实落实到位至关重要。而作为科技成果的重要供给方，高校非市场化的组织属性是其科技成果转化过程中内生性阻碍，高校知识产权管理应利用好知识产权制度本身的市场化内核，积极通过优化组织设计，促进专利商业化。当前，在高校内部，大都建有技术转移中心、科技处、科研院所、科技园、投资公司等内设或独立机构，负责高校的技术转移、投融资和知识产权管理工作。但各机构运行机制不健全，人事关系复杂，缺少熟悉专业、市场、法务方面的人才以及留住人才的有效机制，难以有效参与市场竞争，不能很好地为技术转移提供服务，目前大部分专利技术的申请、保护工作主要由教授或团队负责，也由此导致没有系统完善的工作制度确保专利商业化工作得以实施。围绕专利商业化完善组织管理机制不仅能够在不同利益相关者之间建立价值网络，更重要的是能够为高校专利商业化战略实施确立组织框架，从而能够有效解决专业化职能和人才缺失，关系网络不健全，技术、信息、资金、服务等资源流通不畅通等由于组织机制不完善而导致的问题。

以最典型的美国高校为例，美国大学中以 OTL 为代表的专门机构已经形成了一整套系统、完善的科技成果转化流程，为广大科研工作者转化、推广研究成果开拓了一条畅通的渠道。这条渠道的成功有两大经验：一是专业的工作团队、合理的分工，能够在众多的发明中大浪淘沙，同时为技术转移提供专业而高效的服务，通过整合各方资源，建立和维护客户关系，组织和维系价值网络参与者之间的关系等一系列活动在网络内进行资源的供给和交换，从而实现价值的创造；二是完善的组织设计和专业分工，有利于制定完备、规范和精准的操作流程，从而使得管理工作更加精细化，并不断向纵深推进。

(二）优化流程管理，驱动价值高效传递

通常而言，高校专利商业化以专利转化为主，是一个包含发明披露、专利申请、专利出售三大环节的复杂技术和经济过程。这三个环节构成一个线性串联单链过程，链条的整体绩效与每个环节密切相关。因此，强化流程管理是驱动不同环节价值高效传递的重要条件。不仅如此，组织机制能否发挥作用也有赖于完善的流程管理，有效的流程管理能够将组织联络的各类资源得到有效配置，从而确保组织活动的各项职能落实到位。无论是面向全部环节还是单一环节，过程管理的优化都会对组织职能的落实以及人员管理产生显著影响。影响是多方面的，比如导致供需信息的不对称、无法获取足够的运营资金、缺少专业化的服务人才等。流程管理的优化很大程度上决定了最终专利商业化的效率水平，它能够有效平衡不同利益相关者的利益诉求，驱动各类资源集聚，而这将显著提升高校的专利商业化能力。

当前，国内高校在推动专利商业化的流程管理方面还很不完善，导致专利管理活动各环节之间缺乏有机联系，个别环节的内部管理流程也较为粗糙且不专业，专利商业化面临重重阻碍。比如，因缺乏前端管控，导致研发技术缺乏市场前景评判；因忽视对科技成果信息披露环节的全局优化，导致相关信息难以在高校专利商业化不同利益相关者之间顺畅传递；因忽视对科技成果最终流向的管控，导致很多有价值专利通过毕业学生等渠道，以隐形持股的方式间接实施了高校科技成果的"体外循环"。因此，优化流程管理是高校突出转化导向亟须开展的工作，高校应以完善覆盖知识产权获取、运用到保护的知识产权管理体系为基础，以项目管理为重点，将知识产权管理融入科研项目选题、立项、实施、结题和成果转化等各个环节。针对流程管理各环节应逐渐完善建立并完善专利申请前的审查、专利保护范围的评估、专利信息披露管理以及专利转化方式评估等各

类影响价值传递的制度文件和管理机制，确保不同信息或利益诉求得到及时以及最大化的满足。

第三节

强化政策引导，发挥政策在推进改革、指导工作中的重要作用

在短短几十年中，中国从无到有建立了知识产权制度，鼓励本土创新，并加入了全球知识产权引领者的行列，如今正在推动全球知识产权申请的增长，这与中国强大的政府决策和管控能力密不可分。而随着新时代的来临，知识产权高质量发展对于政府角色的定位提出了更高的要求。无论是从制度本身还是欧美等发达国家的成功实践，对于如何推动高校专利商业化，现实层面都给出很多有价值的答案，需要政府去重新审视定位，积极改革并利用政策工具做出回应。具体而言，主要体现在以下两个方面：

（一）明确定位，做"护航手"而不是"领航人"

从国外高校专利商业化的成功实践看，政府是重要利益相关者之一。国内高校也不例外，在过去四十多年的改革开放历程中，政府一直是我国知识产权事业发展的"领航人"。从被动建立知识产权制度到依托国情主动开展制度安排，确立知识产权国家战略，再到今天将战略进一步升级到强国战略，并致力于在新时代背景下实现四大转变：即知识产权创造由数量积累向质量提升的转变；知识产权保护由逐渐加强向全面从严转变；知识产权运用由单一效益向综合效益转变；知识产权国际规则由被动应对向

主动引领转变。我国政府在改革中不断转型，高校知识产权事业发展也在国家政策环境的不断优化中快速发展，专利创造水平大幅提升。但不可否认的是，政府的过度介入同时也无形中压制了市场机制作用的发挥，导致高校专利的市场化运用效率低下。值得关注的是，新时期我国政府的角色已经在悄然改变，通过不断加码简政放权、优化服务，以"放管服"推进供给侧改革，致力于从管理者、控制者转变为公共服务提高者。尽管改革过程充满荆棘，成效也未有效显现，但从"领航人"到"护航手"的角色转变已充分彰显出中国政府与时俱进的决心和勇气。

如何为高校专利商业化保驾护航，从根本上讲，需要政府将工作重心转向积极营造推动专利商业化的良好生态环境，逐步完善中国创新生态系统。高校专利商业化尽管主体是高校，但真正决定其能否成功的关键则在于有稳定健康的创新生态系统支撑，而这有赖于更好发挥政府作用的体制机制，并加快完善使市场在资源配置中起决定性作用。为了营造良好的创新生态环境，政府不应成为干预专利商业化活动的直接参与者，而应是相关政策的制定者和市场的监督者，其任务主要是提供制度产品（包括法律制度、公共政策）、营造市场环境、维护法律秩序。这主要体现在对高校专利商业化给予政策性的支持，扶持高校开展高质量创新，支持校企间进行有效的知识产权合作以推动创新的产学融合。同时，政府还应该培育和形成牢固的知识产权意识和尊重知识产权的道德规范，制定严谨缜密的知识产权法律制度，建立高度发达的知识产权中介服务组织，培养德才兼备的知识产权人才，制定配套的知识产权管理政策和形成廉洁高效的知识产权保护体系。这不仅需要市场的有效推动，同样也需要政府的积极作为。市场提供推动专利商业化的动力与需求，而政府则为专利商业化提供牢固的保障。

(二) 深化改革，坚持稳中求进，实事求是

改革一直是中国政府不断开拓进取的重要法宝，正是得益于过去四十多年的改革开放，中国实现了人类历史上前所未有的快速发展。实施改革开放政策以来，中国所取得的成就可以说是不胜枚举。其中最重要的成就主要体现在两条主线上，制度创新方面的成就就是其中之一，而中国特色知识产权制度则是重要组成部分。为适应国内外发展需要，我国摸着石头过河，从零起步，到如今加入了世界上几乎所有主要的知识产权国际公约，初步建立了完善的知识产权法律体系，并在与时俱进中通过不断深化改革，在知识产权管理、保护等方面逐步得到完善。但同时也应看到，随着进入高质量发展阶段，我国知识产权领域的很多体制机制改革仍面临诸多阻碍，知识产权领域单行法林立，部门利益化倾向严重，各部门重私利而偏废公益，缺乏统领全局性的法律支撑。由此，导致国家战略推进与现代性制度改造也缺乏权威性和连续性。这种情形之下，改革方案推动乏力，运行机制也不畅通。

改革的目的在于打破旧制，其成效不在于速度，而在于能否落实到位。中国知识产权制度建立时间相对较短，从无到有，到如今支撑中国成为全球名副其实的知识产权大国，已经取得巨大的成功。在高质量发展阶段，高校专利商业化面临的体制机制阻碍不是一朝一夕建立起来的，其影响很多也都是深层次的，很难在短期内通过改革解决。因此，为推动高校专利商业化，切忌用力过度，而应当稳中求进，狠抓落实。比较典型的案例是，为促进科技成果转化，我国从 2015 年开始逐步形成了从修订法律条款、制定配套细则到部署具体任务的科技成果转移转化工作"三部曲"，尽管改革尚未突破从优化行政管理权限的"放权"改革转向以"民事权利建构机制"为核心的"权能分置"改革，在现实层面，科技成果转化"最后一公里"仍存在众多堵点（例如长期以来困扰高校科技成果

转化中的涉及国有资产审批链条长、管理文件多等问题），但总体改革是有效的，通过改革初步形成了具有中国特色的促进科技成果转化政策法规体系，科技成果向现实生产力转化的体制机制障碍也有效破除，科技成果转移转化也已经初显成效。2019年10月，政府科技成果转化领域迎来重要政策突破：财政部发布《关于进一步加大授权力度　促进科技成果转化的通知》，进一步加大科技成果转化形成的国有股权管理授权力度，畅通科技成果转化有关国有资产全链条管理。

当然，除了稳中求进，改革过程中还应坚持实事求是，系统考虑问题，比如"三权下放"改革虽然大大提升了各主体尤其是高校成果转化的积极性，成果转化的速度和成效不断提升，但"介入权"的过快下放也导致了无法及时掌握发明专利的现状、评估转移转化情况、难以有效整合优势资源进行专利布局等问题。再就是对于国家政策，地方政府应从地方实际出发客观做出响应，过于密集出台促进科技成果转化的地方性优惠政策，或成立各类官办科技成果转化平台，很容易扰乱科技成果转化的市场属性。

参考文献

[1] Ahn J M, Ju Y, Moon T H, et al. Beyond Absorptive Capacity in Open Innovation Process: The Relationships Between Openness, Capacities and Firm Performance [J]. Technology Analysis & Strategic Management, 2016, 28 (9): 1009-1028.

[2] Ambos T C, Kristiina Mäkelä, Birkinshaw J, et al. When Does University Research Get Commercialized? Creating Ambidexterity in Research Institutions [J]. Journal of Management Studies, 2008 (45).

[3] Anderson T R, Daim T U, Lavoie F F. Measuring the Efficiency of University Technology Transfer [J]. Technovation, 2007, 27 (5): 306-318.

[4] Allee V. Reconfiguring the Value Network [J]. Journal of Business Strategy, 2000, 21 (4): 36-39.

[5] Allee V. The Value Evolution: Addressing Larger Implications of an Intellectual Capital and Intangibles Perspective [J]. Journal of Intellectual Capital, 2000, 1 (1): 17-32.

[6] Allee V. Value Network Analysis and Value Conversion of Tangible

and Intangible Assets [J]. Journal of Intellectual Capital, 2008, 9 (1): 5-24.

[7] Arqué-Castells, Pere, Cartaxo R M, García-Quevedo, Jose, et al. Royalty Sharing, Effort and Invention in Universities: Evidence from Portugal and Spain [J]. Research Policy, 2016, 45 (9).

[8] Atulnerkar, Scott Shane. Determinants of Invention Commercialization: An Empirical Examination of Academically Sourced Inventions [J]. Strategic Management Journal, 2007 (28): 1155-1166.

[9] Brandenburger A M, Nalebuff B J. Co-Opetition [J]. Long Range Planning, 1997, 15 (1): 31-32.

[10] Bradley, Samantha R. Models and Methods of University Technology Transfer [J]. Foundations & Trends in Entrepreneurship, 2013, 9 (6): 571-650.

[11] Belenzon S, Schankerman M. University Knowledge Transfer: Private Ownership, Incentives, and Local Development Objectives [J]. Journal of Law & Economics, 2009, 52 (1): 111-144.

[12] Bozeman B, Rimes H, Youtie J. The Evolving State-of-the-art in Technology Transfer Research: Revisiting the Contingent Effectiveness Model [J]. Research Policy, 2015, 44 (1): 34-49.

[13] Burnes B, Wend P, By R T. The Changing Face of English Universities: Reinventing Collegiality for the Twenty-first Century [J]. Studies in Higher Education, 2014, 39 (6): 905-926.

[14] Caldera A, Debande O. Performance of Spanish Universities in Technology Transfer: An Empirical Analysis [J]. Research Policy, 2010, 39 (9): 1160-1173.

[15] Dang J, Motohashi K. Patent Statistics: A Good Indicator for Inno-

vation in China? Patent Subsidy Program Impacts on Patent Quality [J]. China Economic Review, 2015 (35).

[16] Debackere K, Veugelers R. The Role of Academic Technology Transfer Organizations in Improving Industry Science Links [J]. Research Policy, 2005, 34 (3): 321-342.

[17] Garfinkel M. Quality in R&D [J]. Proceedings of Symposium on Managing for Quality in Research and Development [C]. Juran Institute, 1990.

[18] Haner U E. Innovation Quality—A Conceptual Framework [J]. International Journal of Production Economics, 2002, 80 (1): 31-37.

[19] Hall B H, Graham S, Mowery H D C. Prospects for Improving U. S. Patent Quality via Postgrant Opposition [J]. Innovation Policy & the Economy, 2004 (4): 115-143.

[20] Kim Y C, Rhee M, Kotha R. Many Hands: The Effect of the Prior Inventor-intermediaries Relationship on Academic Licensing [J]. Research Policy, 2019, 48 (3): 813-829.

[21] Lach S, Schankerman M. Incentives and Invention in Universities [J]. Rand Journal of Economics, 2008 (39).

[22] Lam A. What Motivates Academic Scientists to Engage in Research Commercialization: "Gold", "Ribbon" or "Puzzle"? [J]. Research Policy, 2011, 40 (10): 1354-1368.

[23] Link A N, Siegel D S. University-based Technology Initiatives: Quantitative and Qualitative Evidence [J]. Research Policy, 2005, 34 (3): 253-257.

[24] Looy B V, Landoni P, Callaert J, et al. Entrepreneurial Effectiveness of European Universities: An Empirical Assessment of Antecedents and Trade-offs [J]. Research Policy, 2011, 40 (4): 553-564.

[25] Macho-Stadler I, Perez-Castrillo D, Veugelers R. Licensing of University Inventions: The Role of a Technology Transfer Office [J]. International Journal of Industrial Organization, 2007, 25 (3): 483.

[26] Min J W, Vonortas N S, Kim Y. Commercialization of Transferred Public Technologies [J]. Technological Forecasting and Social Change, 2019 (138): 10-20.

[27] Munshaw S, Lee S H, Phan P H, et al. The Influence of Human Capital and Perceived University Support on Patent Applications of Biomedical Investigators [J]. Journal of Technology Transfer, 2018.

[28] Prud'homme Dan, Song H. Economic Impacts of Intellectual Property-Conditioned Government Incentives [M]. Berlin: Springer Publishing, 2016.

[29] Prajogo D, Mcdermott P, Goh M. Impact of Value Chain Activities on Quality and Innovation [J]. International Journal of Operations & Production Management, 2008, 28 (7): 615-635.

[30] Rothwell R, Zegveld W. Reindusdalization and Technology [M]. London: Logman Group Limited, 1985.

[31] S A Merrill, A M Mazza. Managing University Intellectual Property in the Public Interest [M]. Washington, D. C.: National Academies Press, 2010.

[32] Sanchez-Barrioluengo M. Articulating the "Three-missions" in Spanish Universities [J]. Research Policy, 2014, 43 (10): 1760-1773.

[33] Sengupta A, Ray A S. Choice of Structure, Business Model and Portfolio: Organizational Models of Knowledge Transfer Offices in British Universities [J]. British Journal of Management, 2017, 28 (4).

[34] Sengupta A, Ray A S. University Research and Knowledge Transfer: A Dynamic View of Ambidexterity in British Universities [J]. Research Policy, 2017, 46 (5): 881-897.

[35] Shen Y C. Identifying the Key Barriers and Their Interrelationships Impeding the University Technology Transfer in Taiwan: A Multi-stakeholder Perspective [J]. Quality and Quantity, 2017, 51 (6): 2865-2884.

[36] Siegel D S, Wright M. Academic Entrepreneurship: Time for a Rethink? [J]. British Journal of Management, 2015, 26 (4): 582-595.

[37] Stankeviciene J, Kraujaliene L, Vaiciukeviciute A. Assessment of Technology Transfer Office Performance for Value Creation in Higher Education Institutions [J]. Journal of Business Economics and Management, 2017, 18 (6): 1063-1081.

[38] Thursby J G, Kemp S. Growth and Productive Efficiency of University Intellectual Property Licensing [J]. Research Policy, 2002, 31 (1): 109-124.

[39] Thursby J G, Thursby M C. Gender Patterns of Research and Licensing Activity of Science and Engineering Faculty [J]. The Journal of Technology Transfer, 2005, 30 (4): 343-353.

[40] Wagner R P. Understanding Patent Quality Mechanisms [J]. University of Pennsylvania Law Review, 2009, 157 (6): 2135-2173.

[41] Waring M. Management and Leadership in UK Universities: Exploring the Possibilities of Change [J]. Journal of Higher Education Policy & Management, 2017, 39 (2): 1-19.

[42] Weckowska D M. Learning in University Technology Transfer Offices: Transactions-focused and Relations-focused Approaches to Commercialization of Academic Research [J]. Technovation, 2015 (41-42): 62-74.

[43] Wright M, Clarysse B, Lockett A, et al. Mid-range Universities' Linkages with Industry: Knowledge Types and the Role of Intermediaries [J]. Research Policy, 2008, 37 (8): 1205-1223.

［44］Yin R K. Case Study Research and Applications: Design and Methods［M］. Thousand Oaks: SAGE Publications, 2017.

［45］Ziegler N, Ruether F, Martin A. Creating Value Through External Intellectual Property Commercialization: A Desorptive Capacity View［J］. Journal of Technology Transfer, 2013, 38（6）: 930-949.

［46］Zhao H. Emerging Business Models of the Mobile Internet Market［D］. Helsinki University of Technology, 2008.

［47］Zhang N, Levä T, Hämmäinen H. Value Networks and Two-sided Markets of Internet Content Delivery［J］. Telecommunications Policy, 2014, 38（5-6）: 460-472.

［48］程德理. 高等学校专利技术运营机制研究［J］. 知识产权, 2014（7）: 74-77, 91.

［49］范柏乃, 余钧. 高校技术转移效率区域差异及影响因素研究［J］. 科学学研究, 2015, 33（12）: 1805-1812.

［50］冯强, 蔡双立. 知识产权外部商业化驱动因素与商业化绩效关系研究——基于解吸能力的中介效应［J］. 中国科技论坛, 2018（8）: 129-139.

［51］郭英远, 张胜, 杜垚垚. 高校职务科技成果转化权利配置研究——基于美国常青藤大学的实证研究［J］. 科学学与科学技术管理, 2018, 39（4）: 18-34.

［52］李正卫, 曹耀燕. 专利商业价值的影响因素研究: 以浙江高校为例［J］. 研究与发展管理, 2011（3）: 112-117.

［53］吕建秋, 王宏起, 王雪原. 科技成果转化系统的生态化策略［J］. 学习与探索, 2017（5）: 146-149.

［54］刘运华. 专利质量阐释及提升策略探讨［J］. 知识产权, 2015（9）: 79-83.

[55] 吴灿英. 技术与市场不确定性对企业新产品开发绩效的影响研究 [D]. 浙江大学硕士学位论文, 2006.

[56] 武建龙, 王宏起, 陶微微. 高校专利技术产业化路径选择研究 [J]. 管理学报, 2012 (6): 884-889.

[57] 徐明, 陈亮. 基于文献综述视角的专利质量理论研究 [J]. 情报杂志, 2018, 37 (12): 28-35.

[58] 杨幽红. 创新质量理论框架: 概念、内涵和特点 [J]. 科研管理, 2013, 34 (S1): 320-325.

[59] 袁晓东等. 中国高校专利利用的影响因素研究 [J]. 科研管理, 2014, 35 (4): 76-82.

[60] 张平, 黄贤涛. 高校专利技术转化模式研究 [J]. 中国高校科技, 2011 (7): 13-15.

[61] 张毅, 潘忠志, 常国伟. 高校专利技术转化机制研究 [J]. 经营管理者, 2016 (31): 6.

[62] 章琰. 大学技术转移网络系统分析 [J]. 科技进步与对策, 2006, 23 (6): 151-154.